写给孩子的
思维课

吕晖　王宁◎著

应急管理出版社
·北京·

图书在版编目（CIP）数据

写给孩子的思维课／吕晖，王宁著 . −−北京：应急
管理出版社，2021

ISBN 978−7−5020−8968−9

Ⅰ.①写…　Ⅱ.①吕…　②王…　Ⅲ.①思维训练—儿
童读物　Ⅳ.①B80−49

中国版本图书馆 CIP 数据核字（2021）第 212527 号

写给孩子的思维课

著　　者	吕　晖　王　宁
责任编辑	高红勤
封面设计	久品轩

出版发行	应急管理出版社（北京市朝阳区芍药居 35 号　100029）
电　　话	010−84657898（总编室）　010−84657880（读者服务部）
网　　址	www.cciph.com.cn
印　　刷	三河市金泰源印务有限公司
经　　销	全国新华书店

开　　本	880mm×1230mm$^1/_{32}$　印张　8　字数　156 千字
版　　次	2021 年 11 月第 1 版　2021 年 11 月第 1 次印刷
社内编号	20210345　　　　定价　49.80 元

 Preface

小读者：

　　你好！

　　《写给孩子的思维课》这本书包含了许多有趣的思维故事、好玩的思维游戏、形式多样的思维导图、逻辑严密的思维推理……这么多的思维知识，你是不是很期待呢？

　　那么，你知道什么是思维吗？"思维"这个词是不是看起来很高大上的样子？其实，只要换个说法，你就会发现，揭开思维的神秘面纱，并不是一件很困难的事情。"思维"有一个很容易懂的意思：按照一定的顺序去想，沿着一定的方向去思考。

　　按照一定的顺序去想。当你面临很多选择的时候，你需要将它们进行排序，找到最合理、最高效、最有利于事情完美解决的顺序，再按照顺序来操作。此时，你就会发现，你的学习、生活变得无比美好。举个简单的例子，我们每天上学需要带齐当天的所有课本，那么怎样才不会遗

漏呢？这就需要我们按照一定的顺序去思考。首先拿出我们的课程表，看一看第二天的课程都有哪些，然后将第一节课用的书本放在书包的一侧。接着看一下第二节课的内容，将需要用到的书本放在第一节课的书本后面。以此类推，你就能够完整而富有逻辑地将全天的课本都带齐了。这是不是很简单？这就是思维的方法。

　　沿着一定的方向去思考。当你能够熟练地按照一定的顺序去想的时候，你就会发现，你的思考也是随着这种顺序产生的，从而能够将事情想清楚弄明白，这就是方向性。我们还是以收拾书包为例。当你每天都按照课程表的科目去整理课本时，你的大脑就会每天自动记忆你排列课本的顺序，从而形成习惯性思维，达到不忙乱、不遗漏的目的，这就是思维的维度。

　　思维游戏激发大脑潜力。思维是我们每个人思考问题的顺序和方向，它随着我们的成长而不断变化。在你潜移默化的变化中，在你的一举一动里，无不蕴含着思维的力量，这力量会让我们的大脑变得强大而富有，因为思维能力能够直接影响你的学习水平。在这本书中，我们为你准备了上百个有趣的思维小故事，比如《麻雀燕子不一样》《知府的悔过诗》《垫脚石和绊脚石》《Wi-Fi密码》等，在这些故事中你一定会有不一样的发现。阅读这些故事时你会发现，许多问题换一个角度，就能够完美地得到解决。最重要的是你要明确在事情的发展过程中，你最终的目的是什么。在《我家的平底锅只有 7 寸大》这个小故事中，有人感慨于韩玉的舍大取小，有人奇怪于韩玉的反常举止。其实，这一切都只因为我们的韩玉同学没有正确的思维方式，没有明确最终的目的，一味地偏颇思考，自然是失之千里，舍本逐末了。怎么样，拿到这本书的你是不是已经有点儿急不可待地想要一睹为快了？先别急，且听我娓娓道来。多一点儿耐心，收获满满的能量。

如何总结概括、归纳思维方法？如果你想要利用思维激发最强大脑，我们为你准备了许多有趣又轻松的好办法。一张简单的 A4 纸蕴藏了什么样的思维密码？涂涂颜色竟然就能够让大脑发生神奇的变化？转迷宫、猜谜语、搭积木、做小小福尔摩斯就能够训练思维能力，并且产生如此神奇的效果吗？是的，孩子，你没有看错。本书就是要让你在简单易懂的故事和游戏中感受思维的跳跃，感受不一样的大脑亢奋。当你的大脑被思维全面调动起来之后，当你的思维学会沿着一定的顺序思考的时候，升华的效果就自然而然地产生了。我们将教给你全世界都在用的高效总结、提炼思维精华的形象图表，它就是思维导图。关于什么是思维导图，它的发明者是谁，它有什么用处，它的形式和方法有哪些，为什么一个思维导图可以有如此发散的模式，为什么它可以任由你天马行空地去想象、去

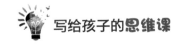

拓展、去涂抹你喜欢的任何色彩……所有的问题，你都将在这里得到答案。只要你有问题，我们就会用简单有趣的图画、故事、案例，为你解答。

数理思维的变幻莫测性。如果说你现在最苦恼是数学学习中遇到的不会解答的题目，那么，没关系，让我们来告诉你该如何思维，让我们来帮助你找到方向。我们每天来到学校，努力地让自己获得提高，最终目的都是让我们学习的所有东西在现在或者未来，服务于我们的生活。不论何种学科，都是生活的一部分，只是数学的条理性更加明晰、突出罢了。比如好玩的扑克牌是数学，转个不停的魔方是数学，有趣的数独更是数学……如何有头绪地寻找规律？如何建模？……我们要不要来比一比，来一场势均力敌的较量。数学的魅力，等你来发现。

好的思维让你走遍世界。了解了什么是思维，看过了无数的有趣故事，学会了运用思维导图进行提炼，建立了属于自己的开阔而发散性的思维结构，我们是不是该大展拳脚，一试成果了呢？完全没错，我们想到一起去了。在后面的章节中，我们就带着信心满满的你开始一场边玩边学、边用边实践的尝试之旅。跟随我们的脚步，你也可以像科学家一样思考，像工程师一样做事。别不敢相信，你的潜力可是无限的。我们这本书只是帮你发掘你的潜力而已。我们将在这里，教会你思维，教会你如何运用思维解决你所遇到的问题。读完本书，你就会发现，你竟然信心满满，还制订了一个"学霸养成计划"！没错，我们就是要将所有看似复杂的问题简单地介绍给你，生动地描述给你，有趣地浸润给你。最后给你一个小小的建议：一次只做一件事，不急不躁稳点儿来。跟我来吧，马上开始这次有趣的探索之旅。

参与本书编写的两位老师，都是来自一线、有丰富经验的老师。他们围绕着"思维"，为同学们准备了许多有趣的游戏、有道理的故事，还有很多训练思维的小方法。另位还有一些幕后英雄为本书提供了案例。修改建议等，默默地为本书的出版做出了贡献。让我们记住他们的名字：秦慧丽、肖伟、刘祥旭、栾文虎。

目 录 Contents

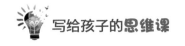

写给孩子的**思维课**

第3课 思维导图练就超强大脑

第4课 民俗谚语中的思维秘籍

第5课 跟动物学思维

第6课 跳出思维定式

第1课　思维力提升学习成绩

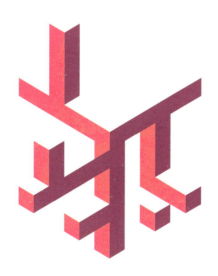

1. 抓住思维小辫子，解决问题

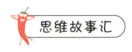

聪明的土地爷

　　有一次，土地爷外出，临行前嘱咐儿子替他在土地庙"当值"，并且一定要把来人的愿望记下来，等他回来后一起解决。

　　他走后，前前后后来了四个不同的人——

　　一位船夫的愿望是赶快刮风，乘风破浪去远方；

　　一位果农要求别刮风，否则，风会刮落果子，丰收在望变遭殃；

一个种地的农民希望赶紧下雨，播种季节的及时雨，一年收成有保障；

一位商人的愿望是千万别下雨，艳阳天下赶路忙。

一位要刮风，一位不要刮；这人要下雨，那人不要下。

这可难住了土地爷的儿子。他替土地爷发愁，因为他不知道该怎么办。他实在想不出有什么办法可以同时满足这些人截然不同的要求，只好把所有祈祷者的话都原封不动地记了下来。

 思维训练

如果你是土地爷，你会怎么安排？记住，要保证所有人的愿望都能实现。试试看。

我的办法是：＿＿＿＿＿＿＿＿＿＿＿＿＿＿＿＿＿＿＿＿＿

＿＿＿＿＿＿＿＿＿＿＿＿＿＿＿＿＿＿＿＿＿＿＿＿＿＿＿＿＿

＿＿＿＿＿＿＿＿＿＿＿＿＿＿＿＿＿＿＿＿＿＿＿＿＿＿＿＿＿

检验一下，是不是所有人的愿望都实现了？

 **接着听故事**

很快，土地爷回来了，看到了儿子的记录，哈哈一笑说："别愁眉苦脸了，照我的办法做就是了，肯定能满足他们各自的愿望。"土地爷提笔在上面批了四句话：

刮风莫到果树园，

刮风河边好行船；

白天天晴好走路，

夜晚下雨润良田。

就这样，四个人都如愿以偿，皆大欢喜。

船夫想刮风，果农不要刮；商人想晴天，农民要下雨。看看这些请求，是不是很矛盾？如果你想直接解决这些矛盾，那么，你就会发现，实在是很麻烦。现在，你需要开动脑筋想办法。

聪明的土地爷，在解决这些看似矛盾的问题时，分别抓住了思维的两个小辫子：转换空间，或者调整时间。

果树园在岸上，行船在河里，它们所处的位置方向不一样。所以聪明的土地爷就抓住了思维的"方向"小辫子，用刮风的方向不同的办法，通过下达河里刮风岸上停的命令，既实现了农民不想刮风、保证果实丰收的愿望，又实现了船夫希望有风、帮助其航行的愿望。

商人出发必须在白天，禾苗喝水可以是晚上，所以聪明的土地爷抓住了思维的"顺序"小辫子，白天晴天保证商人可以顺利出行，晚上下雨让禾苗喝足水快速长大，利用时间顺序的不同，轻松地解决了下雨的问题。

学习中有许多类似的问题，比如你想看电视，妈妈让你洗澡；你要写作业，妈妈让你快吃饭；你想出去玩，爸爸叫你快锻炼；等等。

现在，再遇到类似的事情，你可以试着抓住思维"顺序"和"方向"的小辫子，想到好办法，把看似彼此矛盾的问题调整一下，就都能够解决，只要这些事情是有助于自己健康成长的。

思维训练小妙招：

　　遇到一些看似彼此矛盾的要求时，可以试着用空间转换法或者是时间调整法来做思考，选择合适的方法解决对应的问题。

 思维训练

星期天早晨，妈妈安排你去特长班学习，你最喜欢的电影要精彩上映，最亲密的小伙伴要参加重要比赛，需要你陪练。这个时候，你会怎么办？

运用空间转换法解决_____

_____，运用时间调整法解决_____

_____。

 **思维故事汇**

妈妈骗人，我不喜欢你了

你有没有这样的经历，爸爸妈妈答应了你的一些请求，结果由于各种各样的原因，他们爽约了，你的感受是怎样的？会影响

写给孩子的**思维课**

你对父母的信任吗？

　　事件的主人公是一对母子，儿子上幼儿园大班，非常天真可爱。

　　夏天的海边，母子在路上行走。晚上9点多的小县城，商场基本上都关门停业了。

　　"妈妈，我要买气球。"

　　"明天买。"

　　"你答应我的，回家路上就买。"

"太晚了，卖气球的都下班回家了……"

"你就是不想给我买！"

"我很想给你买，但是没有卖的，我也没办法。"

"你就是骗人！"

"我怎么骗人了？"

"你答应我回家路上买气球，现在不买了，就是骗人。"

"可是路上没有卖的，我有什么办法？"

"你答应我的，就应该说到做到！"

年轻妈妈很认真地拿起了电话，找外援。

"你儿子死活不回家，就为了一个气球，你快跟他说说吧！"

"儿子，接电话，让爸爸评评理，看看气球能不能买。"

电话那头传来爸爸的声音："儿子，什么事让你不高兴？"

"妈妈答应我，回家路上就买气球。可是，她说话不算话。"

"不就是买气球吗？妈妈也答应了，那就买吧。"

儿子很是高兴地对妈妈说："爸爸叫你给我买气球。"

"大街上都没有人了，怎么买气球？"妈妈很为难。

于是，新一轮的对话重复进行中。

故事的情节并不复杂，天黑了，妈妈希望早点回家，男孩希望买到气球，爸爸的裁判很粗暴，妈妈答应了就要做到。爸爸和男孩完全不考虑现状：天很晚了，商贩们都回家了。

这是我们生活中经常发生的小事情。回想一下，你遭遇过类似的情境吗？故事中，你想对小男孩说_____，对男孩的妈妈说_____，对男孩的爸爸说_____。按照你的方法，解决了谁的问题？

 **接着听故事**

当看到母子对话到了第三轮的时候，我微笑着跟他们打招呼。

"小伙子真帅，几岁了？"

"6岁半。"

"你特别喜欢气球？今天在哪里见过卖气球的？"

"海边就有卖的，妈妈不给我买，说回家的时候再买。"

"在海边，你不是要下水游泳吗？手里拿着气球怎么游泳？拿着气球游泳，多危险啊。肯定要等游完泳再买！"

"……"

眼看小男孩又想要气球，我又说：

"宝贝，买气球是一件很重要的事情，对不对？"

男孩认真地点点头："妈妈答应给我买的。"

"妈妈答应帮你付钱，对吗？"

"是的，我没有钱。"

"阿姨有个办法,你愿意试试吗?"

"现在,先让妈妈把买气球的钱给你,你放在自己裤兜里,别丢了。"

"然后,你和妈妈一起回家。在回家的路上,你要留心观察,寻找卖气球的叔叔。只要找到卖气球的叔叔,就可以买气球了。好不好?"

"好!"

"但是,还有一种可能,那就是没有遇到卖气球的叔叔。你知道卖气球的叔叔住在哪里吗?"

"不知道……"

"阿姨告诉你,如果今天没有遇到卖气球的叔叔,你又不知道他住哪里,没有关系。因为买气球的钱,妈妈已经给你了,只要遇到卖气球的叔叔,你就可以买气球了,对不对? 今天买不到,明天再买,可以吗?"

"明天再买!"

"是的,如果到了家门口,还没有找到卖气球的叔叔,就明天去找。只要看到卖气球的叔叔,你就可以用妈妈给的钱,买一个你最喜欢的气球,好不好?"

男孩欣然同意,高兴地接过妈妈给的五元钱,催着妈妈快点走。

…………

正所谓：气球经费揣在兜，有了信心往家走；不哭不闹慢慢找，遇到气球能拥有。

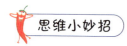
思维小妙招

故事中的一家三口被"买不买气球"这个问题给缠住了。如果决定"买气球"，就会发现，根本办不到。因为时间太晚，根本找不到卖气球的人。如果说"不买气球"，那么男孩就会认为"妈妈骗人"。这就是一个死扣，哪怕男孩妈妈打电话找爸爸评理，也解决不了这个难题。

像故事中这样，不论做出什么决定，都没有办法解决的问题，我们认为，它是"不是问题的问题"。

男孩和妈妈的矛盾，不是"买不买气球的问题"，而是"什么时间买"的问题。

妈妈和儿子的目的是一样的，都想买气球。

区别在于，妈妈在发现时间太晚，买不到气球时，便决定明天再买。当然，明天是否买气球，还要看妈妈是否看重买气球这件事。

也就是主动权在妈妈，但是，她对于是否买气球这件事的关心程度没有男孩那么高。她更关心的是，天已经很晚了，怎样赶快带着男孩回家。

男孩却认为，妈妈这是为不给自己买气球找借口。因为遇到卖气球的叔叔时，妈妈没有立刻买，而是告诉他回头买。现在可以买了，妈妈又不给自己买。他不会理解时间太晚和买气球之间的关系，他最关心的是妈妈是否给自己买气球。而且妈妈在哪里，哪里就安全，所以男孩子不会关心"天太晚了，要回家"这件事情。

有趣的是，如果男孩和妈妈以前曾经发生过类似情况的话，男孩一定会更加坚定这一点。

因为主动权在妈妈这里，男孩没有买气球的钱，即便遇到卖气球的叔叔，妈妈也可以改变主意，而男孩没有任何办法。

所以，将主动权放到男孩手里——先拿到买气球的钱，再确定买气球的时间，这种思维方法，有助于增加男孩的信心，放弃现在买气球的要求，先跟妈妈回家，明天再买气球。

思维训练小妙招：

　　遇到事情时，要确定它的真实问题是什么，想办法协商，先将主动权放在自己手里，然后再讨论其他细节。

思维训练

你的作业提前写完了，忘记跟妈妈打招呼就直奔小区游乐场。你和伙伴们玩得正高兴，爸爸下班看到你了，于是与你结伴回家。

"成天就知道玩。"妈妈训斥道。

"我作业写完了。"

"作业写完了，检查了吗？全对了吗？不能再学习一会儿吗？"

…………

确定妈妈关心的真正问题是_____，

所以你要跟妈妈这样做沟通_____，

以后你会这样做_____。

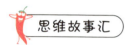 思维故事汇

我家的平底锅只有 7 寸大

爷爷带着孙子明达，还有明达的新伙伴韩玉去黄河边钓鱼。

明达是个品学兼优的好孩子，是叔叔阿姨眼中"别人家的孩子"。他懂事、听话、不淘气，更重要的是非常善于观察和思考。

明达的爷爷是个老渔民，一辈子在黄河边以捕鱼捞虾生活。他会根据不同季节鱼的特点来做不同的鱼饵，所以，用爷爷做的鱼饵钓鱼，每次都能满载而归。

韩玉，是一个标准的黄河边长大的小弟弟，黑黑的，憨憨的，特别喜欢跟在明达的屁股后面玩，就像一个跟屁虫，形影不离地跟着明达。

这次钓鱼，爷爷也没有忘记给韩玉准备钓鱼的工具。

奇怪的是，韩玉每次钓到大鱼都要放掉，他的桶里，只会留下一些中等偏小的鱼。

第一次看到韩玉将大鱼放生的时候，明达以为是韩玉的钓鱼水平不高，不小心让大鱼溜走了。

第二次看到韩玉将大鱼放生的时候，明达猜想是不是韩玉看到自己还没有钓到大鱼，担心自己这个哥哥脸上挂不住，所以为了给自己留面子，故意把大鱼放生。

第三次看到韩玉将大鱼放生的时候，明达实在是想不出其他理由，心里嘀咕着："小鱼没有长大，放生以后可以继续成长，这还说得通。为什么韩玉要把钓到的大鱼放生呢？"

思维训练

开动你的大脑，用心想一想，韩玉留下小鱼放掉大鱼的原因可能是什么，写下你的想法，并说明理由。

1. 韩玉留下小鱼放掉大鱼的原因可能是＿＿＿＿＿＿＿＿＿＿

＿＿＿＿＿＿＿＿＿＿＿＿＿＿＿＿＿＿＿＿＿＿＿＿＿＿＿＿。

2. 韩玉留下小鱼放掉大鱼的原因可能是＿＿＿＿＿＿＿＿＿＿

＿＿＿＿＿＿＿＿＿＿＿＿＿＿＿＿＿＿＿＿＿＿＿＿＿＿＿＿。

3. 韩玉留下小鱼放掉大鱼的原因可能是＿＿＿＿＿＿＿＿＿＿

＿＿＿＿＿＿＿＿＿＿＿＿＿＿＿＿＿＿＿＿＿＿＿＿＿＿＿＿。

接着听故事

明达对于韩玉留下小鱼放生大鱼的行为实在好奇，于是在回家的路上跟韩玉攀谈起来。

"韩玉，你不喜欢大鱼吗?"

"不是的，我喜欢大鱼。"

"大鱼没有小鱼好吃吗?"

"才不是。大鱼的刺好挑出来，不容易被鱼刺卡住。相反，小鱼身上的刺又细又密，很容易被鱼刺卡住。"

黄河边长大的孩子到底不一样，说起鱼的吃法来头头是道。

"既然你知道大鱼好吃，为什么还要把钓到的大鱼放生，只留下小鱼呢?"

"我家的平底锅只有7寸大，小鱼放上去刚刚好，大鱼在锅里放不开啊！"

…………

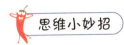

从故事中，我们可以发现，韩玉的思维受到了困扰。他看到了"锅子小，鱼太大"的现象，想到了大鱼在锅里放不开，所以他的办法就是，留下可以整条放在锅里的小鱼。面对不能放到锅里的大鱼，他的选择就是放掉它。

除了韩玉这种留小舍大的处理问题的方法，是不是还可以选择把大鱼切成小块的方法来解决问题呢？

钓鱼的目的是吃鱼，而不是为了把整条大鱼放到锅里，对吗？

我们思考问题时，需要认识到自己的真实目的是什么，然后为此想办法。遇到困难，换个方式来思考，在不影响本来目的的情况下，换个方式来解决问题。

就像故事中的韩玉，因为锅子小，就忘了自己实际上是想吃到美味的鱼，结果做出的决定，并不是最佳方案。

 思维训练

    今天老师布置的作业很少，原本计划用很少的时间就可以写完。结果发现，语文书忘在学校里了。本来想向妈妈求助，可是一想到妈妈的唠叨，脑袋就大了。向同学求助，可是同学没有接电话。这时，有的小伙伴会乱发脾气，为自己找借口。有的小伙伴会被爸爸妈妈臭骂一顿，仍旧不长记性。还有的小伙伴会选择不完成作业……你会怎么做呢？

    将语文书忘在学校的表面问题是_____，实际上根本问题是自己没有养成良好的学习习惯：将学习用品使用结束后放回原处。接下来，先要解决_____，之后要培养_____的好习惯。

Wi-Fi 密码

一个富豪，只要是离开自己的家，到外面的那一刻开始，就不停地担心自己的家里会被小偷光顾。他认为需要一条狗来帮助自己看家，可是转念一想，狗需要有人喂养，他认为这笔钱纯属浪费。

他终于想到一个好办法：只要他出差，就会把家里的 Wi-Fi 密码取消，变成没有密码的状态。

 思维萌芽

回顾一下故事，富豪最担心的是什么呢？ 他想到的办法是什么？不可行的原因是什么呢？

开动你的大脑，想一想，富豪将自己家的 Wi-Fi 密码取消，变成没有密码的状态，原因可能是_____，

也可能是_____，

还可能是_____。

他这样做的目的是什么？_____。

接着听故事

自从富豪出差时将 Wi-Fi 密码取消后，每次回家，从很远的地方就可以看到，自己家门口总是聚集了很多人，有人用手机打

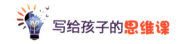

游戏，有人用手机上网看影视剧……

即便是很晚回家，也会有倒班的人在他的家周围蹭网。

从此，他出差时安心无忧。

护院，未必一定要养狗。

思维小妙招

换个角度想问题，结果大不相同。

生活中，我们特别容易陷入非A即B的思维死角，比如富豪最初担心家里失窃，于是需要喂养一只狗护院，可是喂狗需要人工和费用支出，造成了浪费。如果一直纠结于"怕丢东西就养狗"或者"不养狗，就会担心丢东西"这样的思维怪圈，你就会发现，你很难想到好的办法来解决问题。

实际上，当你遇到这样的困境时，换个角度来思考，你就会发现：这条走不通的路旁边，还有一条可以走通的路。

当你感觉自己陷入思维的困境时，不妨想办法让自己跳出来，换一个思维方式，从另外的角度来分析问题，思考解决问题的办法。也许事情的解决会出乎你的意料。

思维训练小妙招：

遇到事情时，换个角度看问题，你就会发现事情原来并不是你看到的那样。这就是逆向思维的魅力。

思维故事汇

买个西红柿好做汤

一位老大爷到市场买菜。他挑了 3 个西红柿放到秤盘上。摊主称了一下："一斤半，一共四块七。"

"做汤用不了这么多。"老大爷说了一句。

摊主从秤盘里拿出一个西红柿，重新称了一次。

"一斤二两，给四块吧。"

正当旁边的人想提醒老大爷注意摊主的秤盘是否有问题时，老大爷从容地放下七毛钱，拿起摊主从秤盘里拿出的那个西红柿，潇洒地走了。

思维训练

按照摊主的算法，很显然，老大爷是吃亏的。原因是_____

_____，老大爷的聪明在于，他遵循了摊主的计算方法，但是做出了_____的选择，最终达成了自己的目的。

生活中，你有没有遇到类似的情境，也可以用到这样的思维方式呢？

_____。

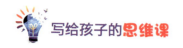

2. 训练思维在当下，复杂问题简单化

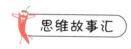 **思维故事汇**

少变多

宁娇，是一名大四学生。晚自习后，她到学校附近的 ATM 机取钱交学费。

开始的操作很顺利，可是，最后一步时机器出现了故障，扣款成功但是机器没有吐钱出来。这可是整整一万块啊。

宁娇同学赶紧联系银行客服，客服很客气地给出了解决方案："您反映的情况，我们已经记录下来了。明天工作人员上班后，会开机核实。请您留下电话号码，并保持电话畅通。"

宁娇挂断电话后，非常郁闷。按照学校计划，她明天要出去写生，一个月后才能返回。

她非常需要现在就解决问题……

 思维训练

你有没有什么好办法，帮助宁娇来解决这个难题呢？

我的办法是＿＿＿＿＿＿＿＿＿＿＿＿＿＿＿，还可以是＿＿＿＿

＿＿＿＿＿＿＿＿＿＿＿＿，或者是＿＿＿＿＿＿＿＿＿＿＿＿。

现在让我们继续听故事。

宁娇挂断电话后，灵机一动，她换了一个电话，给银行客服打电话。

这一次，她告诉客服，取款结束后，ATM机多吐出来一万块。

结果是，25分钟后，维修人员赶到了。

你发现了吗？当问题只是你自己一个人的问题时，你向别人求助，有时是一件很难的事情。这不是别人在为难你，而是人思考问题时的一种有趣现象。在任何社会关系中，都会存在这种现象。

如果你想引起对方的重视，好的态度并不是最重要的。最为关键的是，你要想办法把你的问题和他的利益做关联。

思维训练小妙招：

　　生活中，当你遇到问题时，在不伤害别人的前提下，可以将你的利益与别人的利益做一下关联，这样有利于问题的解决。

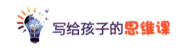
 **思维故事汇**

野炊

上课了，老师提问："野炊时，你发现烧水的柴火不够时，你会怎么办？"

同学们发言非常积极，有的同学说去树林里捡柴火，有人说捡点儿树叶、枯草，也有同学说水烧到什么程度都能喝……

 思维训练

你会怎么做？

小提示：如果你想到了，你需要的是开水，遇到的困难是柴火少、水量多的矛盾，那么，你是否想到新的办法？

（巧换思维：把壶里的水倒掉一点。）

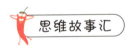 **思维故事汇**

知府的悔过诗

清朝嘉庆年间，安徽的一个地方遭遇罕见的洪灾。洪水特别大，百姓流离失所，无家可归。

朝廷划拨 60 万两白银赈灾，用来修复被洪水冲垮的堤坝，救济无家可归的百姓。

赈灾款很快拨到了知府衙门。当地知府见钱眼开，竟然私自扣留赈灾款，中饱私囊。

几个知县看不惯知府的贪婪。于是他们联合起来，向朝廷举报知府扣留赈灾款的罪行，并且举报了知府以前的贪污行为。

　　朝廷震怒，派钦差大臣督办此案，将知府关进大牢。

　　这个知府很狡猾。他认为，自己罪孽深重，一旦全部交代就是死路一条。知府心存侥幸。他认为，只要拒不交代，钦差拿不到证据，就拿他没办法。

　　于是，知府避重就轻，只交代贪污了一笔数额较小的银子，没有贪污赈灾款。他一口咬定，赈灾款都用来维修河堤了。只是因为洪水太大，洪灾治理效果不理想。他把事先准备的造假账目

拿给钦差大臣看，以示清白。

钦差大臣多次审讯，都没有撬开知府的口，又找不到确凿的罪证。钦差大臣没有办法处罚知府，更没有办法跟受灾的百姓交代。他感到十分为难。

这一天，知府的妻子到牢里来探视。知府给了妻子一封信，说这是他的遗书。看守人员看了一下遗书。这是一首悔过诗：

> 黄水滔滔意难静，彩虹高高人难行。
>
> 笔下纵有千般言，内心凄凉恨吞声。
>
> 账面未清出破绽，单身孤入陷囹圄。
>
> 速去黄泉无牵挂，悔却一生终无悔。

思维训练

事情的转机会在这封信上吗？你在这封信上发现了什么？

发现 1＿＿＿＿＿＿＿＿＿＿＿＿＿＿＿＿＿＿＿＿＿，

发现 2＿＿＿＿＿＿＿＿＿＿＿＿＿＿＿＿＿＿＿＿＿，

发现 3＿＿＿＿＿＿＿＿＿＿＿＿＿＿＿＿＿＿＿＿＿。

接着听故事

看守人员看了一下这封信，没有发现有什么特别的内容。于是，他就要将信交给知府的妻子。

藏在旁边的钦差大臣看到了，就接过这封信，仔细地看起来。

原来钦差大臣发现，各种审讯方法都没有办法从知府这里获取有效的证据，就决定换一个方式。他知道知府的妻子一定会来牢房探视知府。于是钦差大臣就跟狱卒说，只要知府的家人来探视，一定要告诉他。

果然，知府的妻子很快就来牢房探视了。

钦差大臣藏在一边偷听，希望能够从他们的谈话中找到破案线索。

直到知府的妻子探视结束，钦差大臣也没有从他们的谈话中发现破案线索。正在疑惑时，知府递给妻子一封遗书。

钦差大臣拿着这封遗书，反复看了很多遍。他终于发现了遗书中的秘密。

当钦差大臣抬头看向知府时，知府知道遗书中的秘密被发现了。他恐惧得瘫坐在地上，站都站不起来了。

　　黄水滔滔意难静，彩虹高高人难行。

　　笔下纵有千般言，内心凄凉恨吞声。

　　账面未清出破绽，单身孤入陷囹圄。

　　速去黄泉无牵挂，悔却一生终无悔。

 思维小妙招

训练创新思维，找到解决问题的新办法。

将知府这首诗每句的第一个字标粗，然后重新打乱，调整顺序，最后将个别字进行同音字替换。

经过一番操作，你有没有得出一句话——黄彩笔内账单速悔（毁）？

现在，你知道真的账单在哪里了吗？

知府本来打算用创新思维——换个方式提醒夫人将真的账单销毁，计划一了百了，让贪污赈灾款死无对证。

钦差大臣放弃了"跟知府反复纠缠，没有结果"的惯性思维，而是采用了"守株待兔，等待知府主动暴露"的创新思维，巧妙地侦破了案件。

结果知府聪明反被聪明误，钦差大臣则是得来全不费工夫。

思维训练小妙招：

　　当一条路走不下去的时候，可以试着暂时放弃这个思路，从全新的思路出发，会更巧妙地解决问题。这也是创新思维的一种。

 **思维故事汇**

聪明的小儿子

在大兴安岭的深山里，住着一位老猎人和他的三个儿子。三个儿子从小就跟着老猎人学习打猎的技巧。兄弟三人都身怀绝技。

即便是这样，老猎人还是经常教育兄弟三人，要想成为一个好的猎人，除了要有高超的技术，还需要多动脑筋。

为了能让三兄弟养成做事情多动脑筋的好习惯，老猎人经常会给他们出一些难题。

　　这一天，老猎人指着桌子上的一盘苹果，对兄弟三人说："你们谁能射掉全部的苹果？"

　　兄弟三人都表示没有问题。

　　"你需要几支箭来射掉全部的苹果呢？"

　　大儿子说："爸爸，盘子里有六个苹果。只要给我六支箭，我就可以做到将六个苹果一一射掉。"

　　二儿子听了大哥的话，说："爸爸，我想了一下，我一支箭可以射掉两个苹果，这样只用三支箭就可以射掉六个苹果了。"

　　二儿子说完，还微笑着看了一眼大哥。

　　小儿子内心笃定地说："爸爸，您只要给我一支箭，我就可以射掉所有苹果。"

　　老猎人听了小儿子的话，摸着胡子，表扬小儿子是一个爱动脑子的好孩子。

　　大儿子和二儿子很不服气，认为小儿子说大话。

　　只见小儿子弯弓射箭，一支箭飞出，果然将六个苹果都射掉了。你知道他是怎么做到的吗？

 思维小妙招

　　大儿子和二儿子从射箭技法上动脑筋，想的是如何用更少的箭，或者怎样能够一次射掉更多的苹果。两位哥哥将目光放在了

苹果上，想到的是用改善射箭方法来达到射掉苹果的目的。小儿子换了个思路。他将目光放在了果盘上。他想到了苹果与果盘的关系。果盘是所有苹果的载体，只要果盘碎掉，所有苹果都会掉下来。所以他选择了一箭射掉果盘来达到目的。聪明的你，更赞同谁的方法呢？

垫脚石和绊脚石

有福是一个成功的商人。有一次做完生意，他着急回家看家人孩子。在古代，一般人家出门都是走路。骑马、坐车那是富人才能享受到的。

看着家越来越近，他兴奋极了，决定连夜赶路。

天高气爽，月光如雪。有福越走越有精神。他想到了年迈的父母，等他回家等得一定是望眼欲穿了。如果是能够早一点到家，母亲一定会亲自下厨，给自己做自己最喜欢吃的手擀面，又筋道又爽滑。有福感到自己的口水都要流出来了。父亲一定会一边抽着老烟袋，一边跟自己讲做生意、做人的大道理。

可爱的孩子，一定会扑进自己怀里，一边叫爹爹，一边吵着要礼物。想到这里，有福还按了按自己的包裹，里面有给家人准备的礼物：给妻子的发簪，给孩子的糖果，给老人的糕点……

"哎哟……"有福被脚下的石头绊倒了。他重重地跌倒在地上。他爬起来，揉揉受伤的膝盖——真疼。他坐在地上休息了一会儿，感觉膝盖不那么痛了，于是继续赶路。

可是，他的帽子被一阵风刮走了。这是妻子给他缝制的。他追着风，去抓帽子。帽子被风刮到了树枝上。

树枝比有福高出了许多，他使劲地往上够，想拿到帽子，继续赶路。可是他花费了很大的力气，仍然拿不到帽子。

思维训练

如果你是有福，你会怎么办呢？动脑想一想，你会怎么做？记住，这是在室外，也没有人能够帮助他。

我的办法是＿＿＿＿＿＿＿＿＿＿＿＿＿＿＿＿＿＿＿＿＿，

这样做的原因是＿＿＿＿＿＿＿＿＿＿＿＿＿＿＿＿＿＿＿。

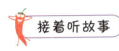 **接着听故事**

很快，有福脑子灵光一闪。他想起来刚才绊倒自己的那块绊脚石，是不是可以把绊脚石搬过来，放在树下，帮助自己拿到帽子呢？

说做就做，他折回了绊脚石那里，用了很大的力气，把绊脚石搬到了树下。

绊脚石摇身一变成了"垫脚石"，有福很轻松地就拿到了树枝上的帽子，然后回家了。

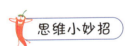 **思维小妙招**

生活中，有很多这样的情形。比如妈妈爱唠叨，当你把唠叨看作妈妈对你的控制、约束时，你就会感觉很烦。如果你这样想，就会对妈妈表示抗议，甚至冲着妈妈吼叫。你有没有类似的经历？

与之相反，当你把唠叨看作妈妈对你的提醒，或者是妈妈爱你的一种方式，你给妈妈一个正向的回应，用谈话转移她的注意力，用行动落实她的要求，或者做一些能让她接受或者感到高兴的事情。那么，"绊脚石"是不是就成了"垫脚石"呢？

同样的石头，当你对它视而不见，恰巧它在你的必经之路上时，它就成了绊倒你的"绊脚石"。同样是这块石头，当你将它踩在脚下，助你变高时，它就是一块助人为乐的"垫脚石"。记住，事物本身没有优劣、好坏。所谓优劣、好坏，只是取决于你如何看待它。

3岁儿子摔了一跤

　　小浩今年3岁了。他有一个比他大6岁的姐姐。姐弟俩感情很好，经常一起玩游戏。这天，他们在玩他们最喜欢的游戏——捉迷藏。

　　玩得正高兴的时候，爸爸过来了。

　　他抱起了小浩，放在沙发上，然后退后几步，张开双臂，叫小浩往下跳，看起来就像要接住小浩一样。3岁的小浩，非常高兴，因为爸爸参加了他们的游戏。

　　他非常兴奋地从沙发上跳了下来，一点儿也没有犹豫。因为在他看来，爸爸张开的双臂一定会保证他的安全。

　　出乎意料的是，在小浩即将抓住爸爸的瞬间，爸爸缩回了双手，小浩重重地摔在了地板上。他号啕大哭起来，可怜巴巴地看着沙发上的妈妈。

　　妈妈若无其事地坐着，没有起身来扶他。姐姐也是，微笑着

在旁边看着他。

"呵，好坏的爸爸！"

爸爸正站在旁边，用嘲弄的眼光看着可怜的上当受骗的小浩。

 思维小妙招

熟悉的人，并非都是好人。在你力所能及的范围内，保护自己很重要。这是小浩爸爸给小浩上的很重要的一课。相信在以后的成长路上，小浩一定会将自己的能力评估放在第一位，做好保护自己的准备，而不是将希望放在别人身上，哪怕身边的熟人也不行。当然，爸爸这样做的前提是，确定沙发的落差并不会真正伤害到小浩，反而能够给他带来足够的成长记忆。

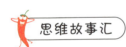 **思维故事汇**

燕子麻雀不一样

燕子，总是把窝搭在房顶下面。

麻雀，是它的邻居，窝搭在房檐下面。可是，房檐下怎能是搭窝的地方啊！这里是水管和房檐之间的一点空隙。麻雀不过是在上面放了几只鸡毛。

这样搭成的麻雀窝非常简陋，也不安全。麻雀一家每晚都睡在那里。

燕子每年都在房顶下的燕窝里抚育小燕子，教它们飞行、歌唱。燕子一家快快乐乐，很是惬意。

麻雀每年都生很多的麻雀蛋，可是一次都没有能把小麻雀抚育长大。麻雀蛋不是被淘气的孩子掏走了，就是被猫、蛇吞吃了。

"你真幸福！"麻雀说，"你每年都能成功地孵出小燕子，而我家的麻雀宝宝总是保不住。"

"都怪你不好，"燕子说，"如果你的麻雀窝也和我的燕子窝一样结实，那么，淘气的小孩和贪吃的猫、蛇就没有办法了。"

 思维训练

如果你是麻雀，听到燕子的话，会怎样想？又会怎样做呢？

我的想法是＿＿＿＿＿＿＿＿＿＿＿＿＿＿＿＿＿＿＿＿＿，

原因是＿＿＿＿＿＿＿＿＿＿＿＿＿＿＿＿＿＿＿＿＿＿。

我的做法是＿＿＿＿＿＿＿＿＿＿＿＿＿＿＿＿＿＿＿＿，

原因是＿＿＿＿＿＿＿＿＿＿＿＿＿＿＿＿＿＿＿＿＿＿。

 接着听故事

"能辛苦你，教我搭建结实的鸟窝吗？"麻雀诚恳地说，"搭建结实的鸟窝，一定有秘诀，你能把你的窍门教给我吗？"

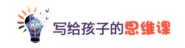

"要想搭建结实的鸟窝，一定先要动脑筋，"燕子说，"不过，其实也没有什么秘密和窍门，只要你愿意，你可以和我一起来搭窝，我一定教会你。"

燕子带着麻雀来到了一个清澈的湖边。

"麻雀，我的朋友，现在你用嘴巴衔起一点泥巴，看，就像我这样子。"燕子，一边说一边衔了一大块泥巴。

"唧唧唧唧！"麻雀回应道，"这么简单？不用你教我也会，不就是弄点泥巴嘛！这叫什么诀窍啊！"

燕子没有接话，它衔着一块泥飞回家，把泥巴糊到墙上去。"你也这样做吧！"燕子劝麻雀。

可是麻雀摇了摇头："我不用学，我现在的窝就很好。"所以它一直住在简单的窝里。一到刮风下雨，麻雀就冻得浑身发抖。

思维小妙招

坚持需要坚持的，更新可以更新的。将麻雀的窝与燕子的巢做比较，我们就会发现，燕子的巢建造地点、建造方法还有选择的材料，都有利于建造一个安全、结实、温暖的巢。

麻雀只看到了建巢的方法，就自作聪明，调整材料。麻雀用小木棍和枯草秆做窝，这样的窝缺少安全性。其结果可想而知，麻雀只能眼睁睁地看着自己的孩子夭折了。

 思维故事汇

淘金小镇

很早以前，人们偶然发现了一座黄金矿山。

许多人蜂拥而至来淘金。每个人都在用心地工作。有的人在很短的时间里，就实现了自己的愿望，顺利地淘到了黄金。

更多人每天都在坚持：早上兴冲冲地工作一天，晚上垂头丧气地回到工棚。

一段时间后，有人受不了如此枯燥、没有希望的工作。毕竟，黄金在哪里，没有人知道，很多时候，是否努力并不重要，更多的是需要运气，或者是关于开采黄金矿藏的知识。

于是，大批的人离开了，又有大批的人来了。

万福是其中为数不多的成功的"淘金人"。和别人不一样，他用自己的大脑淘到了自己人生中的第一桶金。

最初，万福和其他人一样，每天都在努力地挖土、筛土、冲刷……期待着耀眼的黄金出现。

直到有一天，他发现，用来点灯的煤油洒到衣服上后，被煤油浸染的衣料不容易沾染灰尘，不容易被水湿透。于是他用煤油浸泡了整件衣物，穿上煤油浸泡后的衣物下水，皮肤不需要直接接触河水，身体舒服多了。

他用这种方法制作了很多件衣服，因为布料是煤油浸泡过的，就叫"油布"。

有一种坚持叫发现需求。万福发现了油布的功能，说明他是一个善于观察的人。他能够从偶然发生的事情中，发现好的一面。接着，万福用自己的发现，制作了"油布"。这说明他是一个善于思考的人，能够充分利用物品的特点。这些都是值得我们学习和思考的。

第2课　思维游戏激发最强大脑

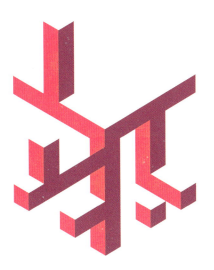

游戏从人类的智慧产生之初，就已经存在于我们的生活中，从最初的打闹到现在的借助于各种工具进行的、有目的的各种思维训练活动，游戏都有意或无意地存在着、发展着、影响着我们的整个人生过程。

1.A4 纸玩出创造力

一张纸能做什么呢？快开动你的小脑筋想一想，你平时都用纸做什么呢？你是不是脑子中呈现出各种各样的纸？包括不同的颜色、不同的形状、不同的大小、不同的厚度、不同的材质……科技发展到今天，我们越发地能够用简单的物品创造出不简单的感官刺激，我们给它起了一个好听的名称——艺术。

在过去几年，每年中央美术学院的毕业生都在毕业作品展中，用纸创造出了不同的形象，立体地呈现在我们面前。在这些形象中充斥着思考者、动物和孩童的立体形象，这就是纸张所展现出来的魅力。我们只是小学生或者中学生，暂时还无法创造出如此立体饱满的形象，是不是就不去尝试了呢？不是，只要我们沿着一定的方向慢慢去想，就会找到解答方案。再立体的作品，都是由一张一张纸组成的。那么，我们就从这简单的一张纸开始研究，开始游戏，带着轻松、愉悦的心情，一起来玩吧。

你可能会说，这有什么可玩的呢？我会折纸，会用这张 A4 纸折一只小船、一座宝塔、一顶小帽子、一只小青蛙等。如果说折纸只是最基本的活动，那么我们来一些有创造力的工作怎么样？比如不完全依靠一种方式，而是将写、画、折、拆、撕有机地搭配和结合起来，你会有不一样的发现。怎样，要不要跟我一起来尝试一下呢？快点行动吧。

首先，请你准备好材料：一张 A4 纸，一支笔，一双勤劳的小手。

接下来，请你开动脑筋，在 A4 纸上随意画出一个站立的形象。

你一定正在竭尽全力地将你那聪明的小脑瓜开动得嗡嗡响，用你胖胖的小手卖力地在纸上勾勒你喜欢的卡通形象或者生活中熟悉的人吧？没关系，我们慢慢来，一笔一笔地勾勒，我们会耐心地等你。

如果你已完成以上两个步骤，那么我们就要开始新的尝试了，准备好了吗？现在请你沿着所画形象的脚部开始向右斜上方画出浅浅的阴影。阴影部分的长度和宽度由你决定。尽情地发挥吧。

接下来，让我们来欣赏一下你的作品。如果你画的形象阴影很长，表明这大约是早晨或者晚上的场景。因为早晨和晚上太阳的光线较弱，人或者动物

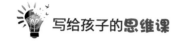

站在光线中容易把影子拉得特别长，有时候甚至可以是人实际身高的两倍还多。如果你画的影子很短，则说明你画的形象所处时间大约是中午前后。因为中午时分阳光直射地面，人或动物的影子就会很短，甚至只是一个圆点。

怎样？你的作品是否能够完美地阐述时间和事件呢？那么有些同学会问，这不就是美术吗？跟思维有什么关系呢？其实思维无处不在。我们刚刚只是小试牛刀。接下来我们继续游戏。

画画，只是我们的一个方法而已。此外我们还可以用折纸的方法，甚至为了达到艺术效果，可以给这张纸开几个洞，撕几个口子。思维和艺术就像一对亲姐妹，她们有着同样的特点叫作创造。

物理学家和数学家总是在不断地告诉我们，如何区分 2D 和 3D 空间。可是艺术家又在不断地模糊两者之间的界限。当 2D 可以轻易地向 3D 转换时，我们的游戏就真正开拓了我们的思维。现在请你跟我们一起来吧。

首先，请你拿出一张 A4 纸，在上面画出一辆带斗的卡车。注意，要带装卸货物的车斗。

下一步，请动动你的小手，将车斗从卡车上撕下来。注意从车头方向撕，车身和车斗部分仍然连在一起，不要完全撕下来，模仿卡车卸货时高高抬起的车斗。最后，请将卡车车尾部分的纸沿着与车斗相反的方向撕成一条条的，模仿倒出的货物。你甚至还可以将这一条条纸弄上褶皱，那就更逼真了。

最后一步，请将卡车底部的纸沿着车轮向上折叠，一幅富有立体感的卡车卸货图就完成了。

　　你还有哪些好的创意？也可以动手试一下。其实我们的祖先早就懂得利用简单的纸张表现不同的思维模式。比如中国传统的剪纸技艺，一张纸在勤劳的中国人手中可以变成喜鹊、数目、小猪、美女、武士、汉字，还可以变成门帘、灯笼等不同的艺术形象。

2. 一张白纸练就你的空间思维能力

　　如果说一张 A4 纸还不足以让你感受思维的碰撞，那么我们就来拓宽视野，将这张 A4 纸放在整张白纸中去看。当视野变得开阔，一切天马行空就变得合情合理。这也许就是人性中最自由自在的光辉，也是青少年最宝贵的财富。

　　给你一张纸，你如何操作？写、画、折、撕，还是不断重复罗列在一起？还是造一个莫比乌斯带，然后放上一辆小汽车，让它无限循环地行驶下去，直至油耗干，直至跑到车辆报废？或者将这个莫比乌斯带从中间剪开，再剪开，如此循环往复地重复下

去，或者想将一张张的白纸叠起来，然后做一件你用尽疯狂想象力造就的艺术品？那么，我要告诉你，都可以。只要你愿意尝试，只要你动手实践，会发现，一切都可以。你可以给想象插上翅膀，让艺术馆里的展品变得不再神秘。因为艺术就是生活的一部分，我们只是要告诉你，生活其实很简单，只要你学会思维。

折纸产生的 3D 效果

那么我们要不要开始尝试呢？小时候，我特别想成为一个超级英雄。相信和我有一样梦想的同学有很多。但是每个人心中的超级英雄都不一样。你要不要试着塑造一下你的超级英雄？你打算用什么方式去做呢？画一画，折一折，还是撕一撕？或者你打算做一个立体的英雄？尽管去做，只要敢于尝试，你就可以。来看看小伙伴们都有什么样的创意：

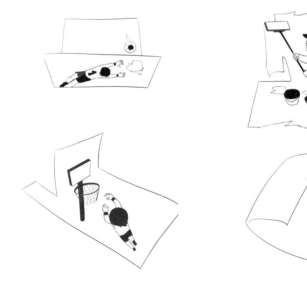

怎么样？同学们，这岌岌可危的悬崖边的小人儿，你是不是也替他捏一把汗？是不是很想伸手帮他一把？还有一脚射门的足球运动员，和那个飞出球网的足球，这一脚威力之大，真是让人感慨不已。刷油漆的大叔那惬意的姿态，投篮小子那渴望的小眼神，都栩栩如生地展现在我们面前。当你看到这些作品时，脑海中是不是马上浮现出立体画面？仿佛这一切就活生生地发生在你的眼前，这就是你经历的事情一样。这就叫作空间思维。眼睛是会骗人的，我们利用物体成像的特性，利用各种错觉在视觉神经的帮助下在大脑中建构起立体的空间形象，因此有时候眼见未必就是真实的。

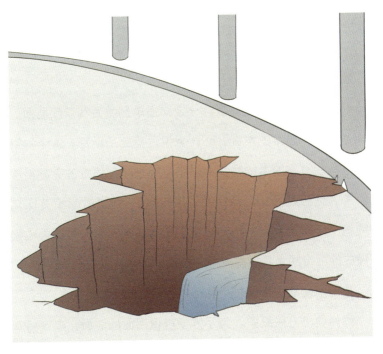

神奇的街头涂鸦艺术

如果你觉得简笔画还不足以证明这一点，那么可以看一看步行街上的 3D 画面，那个仿佛一脚下去就万劫不复的吓人感觉，是不是让你惊心动魄？其实这都是画面的冲击力在大脑中形成的空间思维能力的功劳。

这神奇的街头艺术是不是十分震撼人心，让你有种跃跃欲试的感觉？艺术来源于生活，是对生活的一种升华，同时也是生活的美好样子。你还发现生活中有哪些与空间思维有关的创作或者作品？请你说一说，描绘出来吧。

我的发现＿＿＿＿＿＿＿＿＿＿＿＿＿＿＿＿＿＿＿＿＿

＿＿＿＿＿＿＿＿＿＿＿＿＿＿＿＿＿＿＿＿＿＿＿＿＿。

物理学家告诉你

如果你是物理学爱好者，一定知道单侧曲面和双侧曲面。如果你注重空间思维的发掘，必然听说过莫比乌斯带。这个神奇的环状结构能够在简单的视觉冲击下呈现出永不停歇的完整衔接结构。那么什么是莫比乌斯带呢？ 1858 年，德国数学家莫比乌斯和约翰·李斯丁发现：把一根纸条扭转 180° 后，两头再粘接起来做成的纸带圈，具有魔术般的性质。

我们不妨动手来做一个莫比乌斯带，怎么样？

请你剪出一段纸条。为了方便辨识后面的曲面，建议将其中一面涂上颜色，并且纸条的长度不宜太短。

做好后，请将纸条的一段旋转180°，然后将纸条两端黏合，一个莫比乌斯带就此产生了。这个看着稍微有些扭曲的环到底有什么特别呢？请你不妨先用眼睛仔细观察，然后将自己的直观感觉写出来：

　　我看到莫比乌斯带的第一感觉是：＿＿＿＿＿＿＿＿＿＿＿＿＿。

　　你以为这就完了？不，还有更神奇的事情。跟我来。当你沿着纸带中间顺着它一路剪下来，你以为会剪出两个环？完全不是。快动手试试，然后告诉我们，你剪出了什么。

　　我剪出了：＿＿＿＿＿＿＿＿＿＿＿＿＿＿＿＿＿＿＿＿。

　　如果你发现莫比乌斯带不但没有断开，而且变大了一倍，那么恭喜你，你完成了物理学上的一个著名实验。既然这么有趣，你是不是还想继续探索一下呢？请紧跟我们的脚步：请你再次将这个扩大了一倍的纸圈沿着中线剪下去，你认为会发生什么？猜猜看。

　　我猜测：＿＿＿＿＿＿＿＿＿＿＿＿＿＿＿＿＿＿＿＿＿＿。

　　我实践后发现：＿＿＿＿＿＿＿＿＿＿＿＿＿＿＿＿＿＿。

　　这是不是很有趣？其实我们的思维有时跟不上事物发展的脚步。我们沿着一定的方向去思维，在固有经验中会得到我们期待的大多数结果。但是偶尔会得到出乎意料的结局。这就是思维变通性的重要体现。凡事多问几个为什么，总会在蛛丝马迹中得到你想要的线索。慢下来，仔细观察。静下心来，仔细思索。当你真正学会把控思维方向和方法时，就会发现其实许多事情都不是

那么难以理解。

物理学家最喜欢谈论二维空间、三维空间，又喜欢探讨四维空间和五维空间。听起来好难！其实他们只是在谈论生活，谈论一张纸、一个箱子、一个加上时间的平行维度。任何事物的积累和研究，再高深的学问，都是从思维开始寻找蛛丝马迹，都可以从最简单的一张白纸一样直观的图像去琢磨，去领悟。所以不要害怕，紧跟我们的脚步，一起进行这场思维创新的旅行。

3. 涂涂颜色促进大脑的神奇变化

柏林心理学家职业协会的哈拉尔德·布雷姆教授说："色彩是神经系统的刺激物。"如果有人问你这个世界究竟是什么样子的，你会不会先环顾四周，然后娓娓道来：这个世界是彩色的。树是绿色的，花是五颜六色的，楼房是粉顶黄墙，来往的车辆是黝黑鲜红的，等等。这就是这个感官世界给你的思维体验，是你将目之所及内化后的排列组合。

我们有喜怒哀乐，有激情澎湃的时候，也有忧郁晦暗的时候。这时，你的眼睛会带你领略不同的色彩。当你心情愉悦时，你看到的世界便充满了和谐，一切事物看起来就都那样美好，即便是路边流浪的野狗，你也会觉得可爱无比。这时你的感官告诉你，这个五颜六色、绚烂缤纷的世界是美好的、愉悦的。相反，当你心情灰暗时，你就会觉得花也不鲜艳，草也枯黄，来往的车辆除了灰蒙蒙的，没有什么新鲜感。这时你的感官告诉你，这个世界乏味而无趣。

其实世界没有变，变化的是你的心情。研究表明，明亮的色彩会对大脑产生积极的刺激。它会促进多巴胺的产生，让你觉得心情愉悦。而沉闷的颜色则会对大脑产生不良刺激，降低多巴胺的产生，让你心情苦闷晦暗。美学一直是一个用感官色彩表达喜怒哀乐的学科。在入门时，老师先教大家认识颜色。你或许会说：这有什么难的？其实这并不简单。这是不是跟你想象的不一样呢？是不是你的固化思维又一次受到了碰撞？听我慢慢跟你说。

其实每一种颜色都有它的性格。比如红色象征着火一样的热情，所以我们经常说红红火火的吉利话。我国自古代开始就有办喜事用红色的传统。这是因为红色会对大脑产生强烈的刺激，引起大脑的亢奋，从而提升人们对事物的关注度。比如你行走在嘈杂的大街上，醒目的红色着装会更加引起别人的注意，就是这个道理。

白色则代表着纯洁和干净。所以结婚时新娘穿白色的婚纱，代表着纯洁的爱情。研究表明：如果一个成年人穿着白色的上衣，人们会更愿意跟他接近。因为在潜意识中白色对大脑产生了良性刺激，让人产生信任感和亲切感。这也是为什么医院总喜欢用白色的墙壁和天花板的原因。但是白色也容易让人产生无聊的

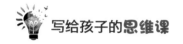

情绪。

蓝色通常是大海或者天空的颜色。所以人们认为它代表着海纳百川的胸襟和魄力，代表着沉稳和大气。当你将图画作品涂成蓝色时，代表着内心的平静和安宁。同时，这种安宁、祥和能够有效地传递给看画的人，从而很容易达到共情的效果。

橙色给人的感觉就显得生动而有趣。因为颜色过于亮眼，人们认为它代表着勃勃的野心和锋芒毕露的姿态。在某些不是第一时间发生的警示中，人们喜欢用橙色代表等级，比如炎热的等级。当然橙色也会给人热情的感觉，对大脑产生积极的刺激。因此有人喜欢把房间粉刷成橙色。如果你把图画涂上橙色，会给人温暖的感觉。研究表明，橙色会让你觉得温度比实际的温度要高一些。

绿色代表着生命的颜色。大自然在鬼斧神工一样创造这个世界的时候，就已经为我们定义了绿色的意义。研究表明，绿色能够对大脑的高阶思维创造产生促进作用，可以增强大脑的创造力，能够对更复杂的思维产生促进作用，让人产生平静的情绪，从而增加人们的生产效率，促进生产力的发展。这也是我们的工作和生活中到处都充满了绿色植被的原因。如果你把图画作品涂成绿色，一定会给人富有生命力的、积极向上的感觉。你不妨一试。

黄色往往给人以积极友好的感觉。黄色会对人们的大脑形成温暖的刺激，让人们觉得安全。曾有心理学家认为黄色是最强的颜色，因为黄色能够刺激大脑分泌多巴胺，让人形成幸福感，产生愉悦的心理体验。因此，我们通常把图画中的太阳涂成黄色。黄色代表温度、内心的安全感。人们通常把黄色与希望联系在一起。你是不是也喜欢黄色呢？比如黄色的向日葵代表着永远朝向太阳的积极信念。

紫色代表着朦胧感、神秘。它对大脑的刺激是疑惑，是因猜不透而产生的探索欲望。与橙色相反，橙色能够让人感觉温度比实际温度高，而紫色给人的感觉则偏冷，人们会感觉比实际温度低。怎样，要不要画一个紫色衣服的神秘人形象？还要戴着巨大的黑色披风帽子。

知道为什么建议你画神秘人戴着黑色帽子吗？因为黑色代表夜的颜色，人们往往将黑色和邪恶联系在一起。大脑会给你发出信号：危险！研究表明，人们在看到黑色时会有压迫感。因此，许多暗黑的电影中反派穿的都是黑色衣服。但是对于女性而言，黑色着装又会增加女性的职业感。所以你说奇怪不奇怪。看一看，你是准备画一个黑色的暗夜骑士，还是画一个黑色着装的职场女性，由你说了算。

4. 转转迷宫带领大脑做做操

美国国家精神卫生研究所的大脑专家杰伊·基德长期跟随400多名孩子进行研究，结果表明：迷宫能够有效地刺激大脑

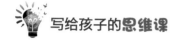

顶叶区，让大脑变得异常活跃，从而大幅度提升孩子们的空间能力。

一切的高阶思维模式都是由浅显的低阶思维延伸而来的。将一切复杂的事物细分开来，你会发现，它们都是由简单的事物组合而成的。当你学会分析和拆解，一切问题就都能迎刃而解了。

迷宫游戏的作用

迷宫游戏能够有效地提升孩子的专注力。在幼儿的成长过程中，家长总是很注重培养孩子的专注力，因为专注力是孩子做事成功的关键。比如一个孩子做事是否认真，就是由孩子的专注力决定的。在学习过程中常常会有同学因为"不认真"而受到批评。其实这说明这个学生的专注力不够强，而非只体现在做事的认真程度上。

迷宫游戏还能够有效地提高孩子解决问题的能力。当你运用思维朝着一定的方向努力寻找到迷宫出口的时候，实际上是你进行思维梳理的过程。你的大脑在此过程中会对你看到的景观或者特殊标记进行梳理、记忆，如此循环往复地进行，思维就得到了梳理。在这样的问题梳理中，我们得到了训练。当问题再次出现，或者遇到新的问题时，一切就都会顺畅地得到解决。因为你已经知道该如何通过观察的信息进行有效的运作，这就是思维能力的提升，更是解决问题能力的提升。

其实一直以来，迷宫游戏离我们并不遥远。我们的祖先在漫长的历史过程中，不断地自我发掘，自我修正，自我认知，自我总结，在充满艰险的生存环境中，自原始社会开始就一直都自觉或者不自觉地在地球村这个大迷宫中寻找自己的所在，努力地规避风险，取得生存的权力。对于他们而言，那广阔的、无形的天地就是一个巨大的迷宫。鲁迅先生曾经说过："其实地上本没有路，走的人多了，也便成了路。"我们的祖先就是用这种精神，顽强地生存，繁衍生息到如今。

今天我们常常在一些纪录片中看到，非洲的原始部落还延续着狩猎采集的生存模式。他们穿梭在茂盛的原始森林中，往来于各种毒虫野兽的洞穴领地。如果他们不是对自然有着深刻的理解和认识，是不可能存活下来的。对于他们来说，茂密的原始丛林就是一个巨大的迷宫，而他们祖辈留下来的生存法则和自我探索的经验总结，就是他们的思维利器。只有有了这种思维工具，他们才能准确地判断哪里是危险区域，哪里是安全路径，哪里是可以定居的水源地。也正是因为有了这样的思维工具，他们才越发勇猛，有了对抗自然、征服自然的勇气。

你是不是觉得很神奇？其实你也听过此类的故事。人猿泰山，一个由狼养大的人类男孩，他在长久地与狼群的共同生活中学会了许多狼的习性。比如，他能够利用森林中的树木作为标志物，循着植物生长的规律找到路径，从而到达目的地。或许你要说，那是在丛林中一个由狼群养大的孩子，我们怎么比呢？孩子，难道你忘了，泰山也是人类。他虽然跟随狼群长大，但是他的所有生物感官都是人类的结构。他之所以会有超于常人的洞察

力和敏锐的观察力，完全是在长久的生存过程中，跟随狼群学习、磨炼、总结形成思维的结果。由此可知，泰山的超人之处更多的是因为他的思维模式，而非其他。那么我们是不是也能拥有那样超常的思维模式呢？是的，通过本书的探究，你已经拥有了一定的思维模式的概念。现在，就让我们继续前行，继续探索吧。跟我来，我们这次一起做一些迷宫游戏，看看如何如人猿泰山一般走出茂密的原始丛林。

迷宫花园

人类的好奇心总是超出我们的想象，爱玩的心就更重了。你千万不要以为只有年轻人和小孩子喜欢玩耍，其实许多成年人更是乐在其中。在人类五千年的历史中，迷宫一直存在着，并且规模和形式发生着不同的变化。在中世纪的欧洲，贵族们喜欢建筑规模宏大的城堡。在城堡宽阔的院子里，他们往往喜欢种上高大的植物和各种奇花异草，有的更是别出心裁地在城堡的空地上利用植物，种出一个个巨大的迷宫，让前来游玩的宾朋乐此不疲地一遍又一遍地尝试、探索，给庄重的城堡增加了无尽的趣味。近些年，人们将环保理念渗透到趣味迷宫中，于是全世界范围内出现了许多著名的迷宫景观。让我们一起来看一看吧。

世界上最大的迷宫是雷尼亚克迷宫，位于法国的安德尔河畔。迷宫里面种植了大量的玉米和向日葵。每年农民都会按照规划种上植物，来年的春天就会形成一个巨大的漂亮迷宫。它以其独特的魅力吸引着全世界不同地区的人们去探索。

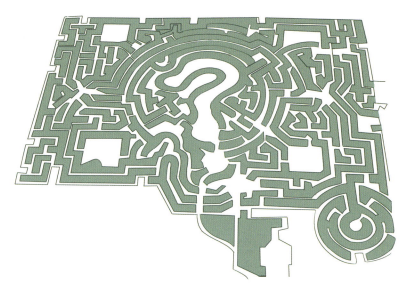

怎么样？这样有趣的迷宫你是不是也想去探索一下？我们不妨先利用图片寻找一下迷宫的出入口，然后再试着从入口走到出口。注意，在你行进的途中会有许多岔路，建议将不同的岔路口标示不同的数字。这样当第一条走不通的时候，我们就可以尝试第二条了。依次标示路口，会很好地帮助你整理自己的思维，最终找到正确的路径。我们来试一试吧，加油！

我的方法：＿＿＿＿＿＿＿＿＿＿＿＿＿＿＿＿＿＿＿＿。

我的经验总结：我先＿＿＿＿＿＿＿＿，然后＿＿＿＿＿＿，再＿＿＿＿＿＿。

我成功后的喜悦：＿＿＿＿＿＿＿＿＿＿＿＿。

怎么样？孩子们，成功走出迷宫的你，是不是有些兴奋？相信实地旅行的游客必然会有同你一样的心情。

长久以来，迷宫都以它独特的魅力吸引着世界人们的目光。如果你无法实地去探究迷宫的奥秘，不妨先在书籍中获得迷宫图，试着走一走。或者如果你已经是一个迷宫爱好者，何不调动你的感官，自己动手创作一幅或几幅迷宫作品，来和小伙伴一起分享呢？

我的作品：

5. 猜猜谜语，让大脑越来越灵活

我们的大脑分为许多不同的神经中枢。这些神经中枢具有不同的功能，而不同的神经中枢需要多重刺激，才能够越发灵活有序。谜语能够训练我们的思维，激发大脑潜能，提升大脑思维的深度和广度，让我们的大脑不再局限于单一思维模式，促使其越来越灵活。

谜语也分为不同等级。比较小的孩子可以试一试比较简单的文字谜语。先试着寻找一下字面提供的线索，然后通过想象和知识的迁移，寻找正确的答案。比如下面这个小谜语就适合于南方的初学者：

青枝绿叶不开花，农家园里便有它。三更半夜大风起，哗啦哗啦哗啦啦。

第一句"青枝绿叶不开花"，首先排除了各种水果类植物，因为水果类植物都需要开花才能结果。第二句是点睛之笔，"农家园里便有它"说明它是经济类作物，北方有果树、杨树，南方有果树和竹子。后面两句"三更半夜大风起，哗啦哗啦哗啦啦"，更说明这是长叶子的植物。那么我们就将范围锁定在杨树和竹子上。回过头看第一句的"青枝绿叶"，竹子更符合。由此可知，谜底是竹子。怎么样，你猜对了吗？

谜语起源于民间口头文学，最初是用口语化的语言描述简单的事物。它是古代劳动人民集体智慧创造的文化产物。谜语已经被列入第二批国家级非物质物化遗产名录。谜语的产生可以追溯到 2300 多年前的春秋战国时期。在古代，元宵节猜灯谜已经有了上千年的历史传承。当时上到皇亲贵胄，下到市井小民，都会在元宵节这天着盛装来到灯火通明的街头，在观看各种彩灯的同时，猜上几个或简单或深奥的谜语。更有甚者，古人会用猜谜的形式斗酒或者赢取贵重的物品。

怎么样，是不是对谜语瞬间来了精神，觉得高大上了呢？那么，你也可以来猜一猜。比较通俗的有：

两个兄弟一般高，人家吃饭它撅跤。打一物品。（筷子）

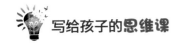
五个兄弟住在一起，个头不一，高低不齐。打一人体器官。
（手或者脚）

两只小口袋，天天随身带，只要少一个，要把人笑坏。打一生活用品。（袜子）

白嫩小宝宝，洗澡吹泡泡，洗洗身体小，再洗不见了。打一生活用品。（香皂）

身穿绿衣裳，肚里水汪汪，吐的籽儿多，个个黑又亮。打一水果。（西瓜）

怎么样，你猜对了几个？是不是觉得很简单？其实谜语就是用简单明了的语言描述身边的事物，一点也不神秘。相信你也可以。你要不要自己创作一个谜语呢？

你创作的谜语：＿＿＿＿＿＿＿＿＿＿＿＿＿＿＿＿＿＿＿＿。

谜底是：＿＿＿＿＿＿＿＿＿＿＿＿＿＿＿＿＿＿＿＿＿。

如果上面的谜语，你都能顺利过关，那么我们就试一试稍微有些难度的谜语，怎么样？其实谜语的内容丰富多样，不仅有形象生动的动植物，还有浅显易懂的文字谜语，比如这几个：

皇帝的新衣。打一字。（袭）

七十二小时。打一字。（晶）

一口咬住多半截。打一字。（名）

人有它则变大。打一字。（一）

十个哥哥。打一字。（克）

字谜的产生是在口口相传的民间描述简单物件的基础上，经

过文人的浅加工形成的，因为具有一定的文化气息，能够从一定角度显示出谜语创作者的文字功底和思维辨识能力，而受到文人阶层的喜欢。后来在漫长的历史演变过程中，无数文人墨客不断地对这一简单的语言格式进行梳理和改良，使得谜语形成了许多不同的格式。

比如，秋千格要求谜底是两个字；卷帘格要求谜底是三个字；而曹娥格则要求用化形衍义得出，就是用婉约的语言进行描述，谜底两个字都要左右分读。另外还有白头格、梨花格等，都有各自不同的要求。当然现代谜语在白话文的普及下已没有过多的格式要求，而谜语作为一种文化娱乐形式已经从文人把酒言欢的酒令中脱离出来，成了今天人人皆可参与的轻松愉悦的文字游戏。上述谜语中，你猜对了几个呢？你有没有兴趣自己创作一个文字谜语？

你创作的文字谜语：_____。

谜底是：_____。

不管是何种类型的谜语，只要能启发思维、提高兴趣，就都是好谜语。语言艺术和文字的完美结合造就了我们国家两千多年的谜语文化。随着艺术形式的发展，社会中的文化阶层对谜语的不断创新也体现了社会文化的不断变迁。不论你在哪里，只要坐下来，就可以根据你所看到、想到的，创作出一个谜语来娱乐自

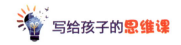

己，提升大脑的思维敏捷度。这样一来，你的生活中是不是又多了一样有趣的游戏形式呢？快和你的朋友们一起试试吧。

6. 有趣的逻辑推理游戏

谁是杀人犯

一位银行行长被杀。警方经过一番侦查，将大麻子、小矮子和二流子三个嫌犯带回审问。他们的供词如下。

大麻子："小矮子没有杀人。"

小矮子："大麻子说的是真的！"

二流子："大麻子在说谎！"

结果是，三人中有人说谎，不过真正的犯人说的倒是实话。

请问，哪个人是杀人犯？

警探的询问

达纳溺水死亡。为此，阿洛、比尔和卡尔被警探审问。

(1) 阿洛说："如果这是谋杀，那肯定是比尔干的。"

(2) 比尔说："如果这是谋杀，那可不是我干的。"

(3) 卡尔说："如果这不是谋杀，那就是自杀。"

(4) 警探如实地说："如果这些人中只有一个人说谎，那么达纳是自杀。"

请问，达纳是死于意外事故，还是自杀，还是谋杀呢？

提示：在分别假定陈述 (1)、陈述 (2) 和陈述 (3) 为谎言的情

况下，推断达纳的死亡原因；然后判定这些陈述中有几条能同时
为谎言。

谁得了大奖

公司年底联欢会上有个抽奖环节。经理把得大奖的名字抽
出来后，对离他最近的一桌上五个人说："大奖就出在你们五个
人中。"

甲说："我猜是丙得了大奖。"

乙："肯定不是我，我的运气一直不好。"

丙："我觉得也不是我。"

丁："肯定是戊。"

戊："肯定是甲，他运气一直很好。"

经理听了他们的话说："你们五个人只有一个人猜对了，其他
四个人都猜错了。"

五个人听了之后，马上意识到是谁得了大奖。

请问，你知道是谁吗？

五个儿子

一个老财主，一辈子积攒了不少钱财。在儿子成家立业后，
财主将所有财产分给了五个儿子，自己仅留了少量生活所用。后
来，遇到一个灾荒年，老财主要断炊了，不得不求助于五个儿
子。但是，经过了这么多年，有的儿子赚了不少，也有的儿子将
家产败光了。他不知道现在哪个儿子有钱，但他知道，他们兄弟
之间彼此都知道底细。下面是他们五兄弟说的话。其中有钱的说

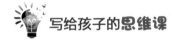

的都是假话，没钱的说的都是真话。

老大说："老三说过，我的四个兄弟中，只有一个有钱。"

老二说："老五说过，我的四个兄弟中，有两个有钱。"

老三说："老四说过，我们兄弟五个都没钱。"

老四说："老大和老二都有钱。"

老五说："老三有钱，另外老大承认过他有钱。"

请问，你能帮助这位老父亲判断出这几个儿子中谁有钱吗？

钱去哪儿了

小王从老板手中接过一个信封，上面写着98，里面装着他一天的兼职工资。回学校的路上，小王一共买了90元钱的东西。付款的时候才发现，他不仅没有剩下8元，反而差了4元。回到家里，他打电话问老板，怀疑是老板把钱发错了。老板说没有错。

答案：

谁是杀人犯

我们可以先看后面两句话，一个说大麻子说的是真的，一个说大麻子说的是假的。也就是说，他们两个必定有一个人说了真话，有一个人说了假话。如果大麻子说的是假话，也就是说小矮子杀了人。那么小矮子说的话应该是真话，这和大麻子的话矛盾。所以只能是大麻子说的是真话，那么小矮子没有杀人，凶手是大麻子。

警探的询问

分别假定陈述 (1)、陈述 (2) 和陈述 (3) 为谎言，则达纳的死亡原因如下：

陈述 (1) 如果为谎言，则为谋杀，但不是比尔干的；陈述 (2) 如果为谎言，则为比尔谋杀；陈述 (3) 如果为谎言，则为意外事故。以上显示，没有两个陈述能同时为谎言。因此，要么没有人说谎，要么只有一人说了谎。根据 (4)，不能只是一个人说谎。因此，没有人说谎。

谁得了大奖

是乙。显然如果是甲、丁、戊中的一个人，那么乙和丙就都猜对了，与题目矛盾。如果是丙，那么甲和乙的话就是正确的。如果是乙，只有丙说的话是正确的。你猜对了吗？

五个儿子

老大、老四和老五有钱，说假话；老二和老三没钱，说真话。推理过程：从老五的话入手，老大承认他有钱，这句话一定是假话。因为如果老大有钱，他不会说自己有钱；如果老大没钱，他也不会承认自己有钱。所以老五说的是假话，老五有钱，老三没钱。说实话的老三说："老四说过，我们兄弟五个都没钱。"说明老四有钱。老四说："老大和老二都有钱。"说明老大和老二中至少有一个没钱的。老大说："老三说过，我的四个兄弟中，只有一个有钱。"现在已经确定老三说实话，而且老四、老五都有

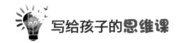

钱了，所以老大说的是假话，老大有钱，而老二没钱。

钱去哪儿了

小王把信封上的字看倒了。应该是 86，他看成了 98。

第3课　思维导图练就超强大脑

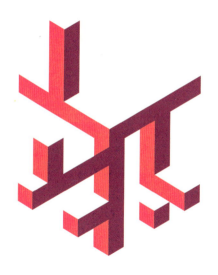

思维导图就是人思考时的地图，可以说是万能的大脑工具。它能够将你大脑里面的想法，用写写画画的形式，结合关键词、图像和颜色等要素，分层、分类地表现出来。

思维导图也被称作心智导图，"心"是指感性，"智"是指理性，思维导图是你的感性想象和理性思考的结合。

思维导图是将思维形象化。人的大脑最自然的思考方式，无论是感觉、记忆，还是想法，都包含文字、数字、符号、色彩、节奏、气味等，一个层级接着一个层级地扩散出去，最终形成你对这个事物的认识。

1. 怎样做思维导图

思维导图，听起来十分的高大上，似乎很难理解和掌握。实际上，思维导图并没有什么神秘的。你只要学会将重要的内容用不同的颜色、不同的形状在不同的位置写／画出来，你就能够完成属于自己的思维导图。

同时，你只要能够将别人思维导图上的内容用自己的语言表述出来，你就读懂了别人的"思维笔记"。

随着思维能力的日渐提高，无论你面临多么复杂的任务，思维导图都可以帮你将自己的想法呈现出来，帮助你更有条理、更有顺序地完成自己的小目标。

会画自己的思维导图 + 能读懂别人的思维导图 + 能选择合适的思维导图 = 开启大脑的无限潜能

准备简单的工具

铅笔：初级阶段，你只需要准备 HB 和 2B 两个型号的铅笔就可以绘制基本的思维导图。

2B 铅笔偏软，颜色稍微有点重，特别适合画出阴影或者描绘需要加粗、加重部分的内容。

HB 铅笔是最常用的铅笔型号，软硬度适中，颜色浓淡适中。在绘制思维导图的过程中，画精细线条时，最适合使用 HB 铅笔。

彩色铅笔：常见的彩色铅笔有两种：一种是水溶性彩铅，特点是遇到水可以溶化，利用这个特点，可以将思维导图描绘出水彩的效果；另外一种是油性彩铅，通常用于描绘线条。

橡皮：最好准备两种橡皮。一种是硬度偏软的，可以轻松擦掉光滑纸面上画出的多余线条；另外一种是硬度偏硬的，用铅笔刀把橡皮割成三角形，这样方便用于擦拭很重的铅笔痕迹。

马克笔：马克笔根据是否防水，可以分为防水的油性马克笔、不防水的水性马克笔；根据笔尖形状，可以分为扁头、圆头和斜面马克笔。不同笔尖的马克笔，可以通过转动笔尖的方法，画出不同粗细、深浅的笔道，满足绘制思维导图的需求。

笔记本：绘制思维导图的笔记本最好大小适中。太小的笔记本绘制的思维导图会出现拥挤、绘制不完整等情况，太大的笔记本使用起来很不方便。

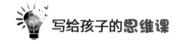

建议小学生选择 A4 纸一半大小、圆环式装订笔记本，它容易摊开，方便写写画画。

中学生可以直接选择 A4 纸大小、圆环式装订笔记本，它能够满足思维导图内容偏多的空间需求。

选择带小暗格的笔记本，可以写更多的字，也便于培养你良好的空间布局能力。当你具备了一定的空间布局能力后，就可以选用纯白或者速写本、水彩本来绘制思维导图。

制作绘图工具：普通铅笔可以根据需要削得很尖，用来绘制细线条；削成扁平状用来平涂；削成偏圆形，用来加深绘画的清晰度。

彩色铅笔不适合削得太尖。需要画细线条时，可以通过转换角度来实现。

学具刀：中学生可以选用美工刀。小学生建议使用转笔刀。高年级小学生在确保安全的前提下可以自由选择。

碳素笔：常见的碳素笔有针管笔和钢珠笔两种。针管笔画出的线条很漂亮，具有很强的装饰性。如果你具备了一定的造型能力，可以用针管笔直接绘制思维导图。

钢珠笔可以用于记录重要的知识点、观察到的有价值信息，呈现多种要素之间关联的细节内容等。

绘制思维导图时，需要手眼配合。当完成一定的绘制训练后，你对于思维导图内容的大小、距离、宽度等判断就会越来越精准，下笔就能够做到心里有数。

告诉自己你能行，只要开始动手做就会有收获。

看到上面的工具，你是否担心自己做不好呢？不知道该选择哪种工具，不知道用在哪里，不知道选择什么色彩，不知道怎么布局……

当你的大脑里冒出这些问题时，恭喜你，你已经具备了一定的思维能力，开始独立思考了。遇到问题最好的应对办法就是找到办法解决它。

一个建议就是，不要着急。你需要知道，任何人做任何事情都需要一个试错的过程。绘制思维导图也不例外。刚开始时，你需要做的就是大胆地写、放心地画。

当你绘制的思维导图达到一定数量时，你就会在试错的过程中，慢慢发现自己的思维能力、配色能力、布局能力、分类能力、归纳能力等越来越强。随着思维能力的不断提升，你绘制的思维导图会越来越完美，需要的时间会越来越短，包含的内容会越来越丰富，内容之间的逻辑会越来越清晰。换句话说，你的思维就会越来越清晰，你的灵感会喷涌而出，你会越来越喜欢和擅长用思维导图来表达自己的想法。

思维导图的绘制顺序和规则

思维导图的绘制（解读）是有步骤、有顺序的。无论是简单的思维导图还是复杂的思维导图，其绘制的基本步骤都大致一样：

（1）纸张横向摆放。

（2）从中间向四周画：主题在中间，发散在四周，主题可以是文字或者图形，首选图形。

（3）像太阳光一样画出分支，可以按照十字、大字、太字、米字等结构，按照顺时针或逆时针顺序，依次向不同的方向延伸。

（4）每个分支用相同的色系、线条连贯。可以选择从粗到细的过渡来表示它们之间的关系：它们是同一个小主题下的小话题系列，由主要到次要，依次渐行渐远，延伸向远方。

（5）关键词或者关联图片安排在线条的上方。文字长度最好等于线条长度。一条线段只安排一个关键词或者关键图片。

（6）字的数量越少越好。能两个字表述，就不用三个字。

（7）图越多越好，既能用文字表示，又能用图表示的内容，优先选用图画表示。图画形式可以是插图、图解、图像记忆的图片等。因为图片比文字更能让你记得久、记得牢。

绘制思维导图时需要注意的问题

绘制思维导图时，你可以关注以下几个小问题。你记住的越多，实现得越好，那么思维导图绘制得就越顺利、越精彩。

（1）能手写绘制思维导图就不用其他方式。因为完成思维导图的过程，就是你"训练大脑的思维能力，提升记忆能力"的过程。绘制思维导图的目的是提升你的记忆能力，所以你只需要用心绘制，完成自己的记忆内容就好。

哈佛大学心理学家魏格的观点是：手绘完成思维导图的记忆效果＞计算机软件绘制完成思维导图的记忆效果。

（2）主要内容安排在距离主题最近的位置，越是次要内容与主题的距离就越远。

（3）内容包含越多的关键词距离主题越近，内容包含越少的关键词距离主题越远。比如动物主题下，关键词"鸟类"距离主题近，关键词"候鸟"距离主题远，关键词"大雁"距离主题更远。

（4）一条线段，对应一个关键词或者关键图。这样可以很好地锻炼你建立关系的能力，比如因果关系，前后、时间顺序关系，层层递进关系等，通过选择合适的关键词，你的去芜存菁的能力也会得到很好的提升。

（5）思维导图中的文字，优先用词，短句次之，长句少用。

（6）汉字的优点是，一个字就可以表示一串意思，比英文更容易浓缩成关键词。除非必要，关键词尽量选择汉字。

（7）如果用记忆效果来做判断标准，关键图的记忆效果＞关键词的记忆效果。建议优先选择关键图，关键词次之。

（8）像阳光一样，呈现向四周发散的排列形式，比较容易刺激你水平思考的能力。

（9）绘制思维导图时，同一层级的关键词是"前后关系"。比如植物主题下，植物的生长与繁殖、生长环境、适应环境等是前后关系。表示绝对的因果关系或者绝对的顺序关系的，就是垂直思考、逻辑思考、串联关系。比如种子的发芽条件：空气、温度和水，它们与植物发芽条件之间就是绝对的因果关系。不同层级的内容是上下关系，是水平思考，也叫并联关系。比如动物—海洋动物—软体海洋动物—海蜇，它们之间是上下关系。

（10）多彩的颜色可以很好地提升记忆效果。建议选择三种以上的颜色来绘制思维导图，这样可以提升76％的记忆效果。

（11）可以选择容易记住、相对固定的符号代替文字，减少文字数量。需要注意的是，你要记住符号代表什么意思，如果忘记，就弄不清楚它的含义了。

（12）词语和线条的绘制要同步。不要先写词语，再画线条，否则容易连错线，出现关系混乱。也不要先画线条，再写汉字，否则不好把控线条长度，文字的疏密也会受到影响，影响思维导图的美观性。

先从简单的开始，慢慢练习不着急

初级阶段，可以从最擅长的文字记录开始。记住：不要给自己增加负担，这是你思维训练的重要一步。

思维导图是用文字、图画相结合的形式将思维方式呈现出来。很多专家认为它是将隐性思维可视化的重要手段。人们在生活、学习、日常工作、时间管理、自我调整等方面，都可以用到它。当然，许多人都是从最简单、最少的文字呈现开始的。

打开思维导图专用本，在第一页上，写上姓名、学校、班级。也可以写一些其他内容，例如写上自己的座右铭，记录自己的心情，标记自己的目标等。

具体到每页的具体思维导图，还可以标注绘制时间、地点，这样未来你可以回忆起绘制思维导图时的一些基本信息，帮助自己查找和做出简单的对比。你还可以记录当天的天气，尤其思维导图与具体的观察内容相关时，标注天气可以方便我们知道在不同的天气状况下，某一种（某一类）事物不一样的反应。

做好准备工作后，我们就可以关注具体的思维导图怎么记录，用哪些记录形式，记录哪些内容等具体问题。

当你面对陌生的或者想了解的事物时，有一类思维导图可以从小学一年级用到成人，在美国它有一个专用的 Can/ Have/ Are 表。如果看到了它的样子，你就会发现，它实际上就是我们前面提到的思维树。

Can/ Have/ Are 基础表

Can（可以做什么）、Have（拥有什么）、Are（是什么样子），将这三个问题转换成思维树时，你会发现，主题就是思维树的树根，Can/ Have/ Are 就是思维树的树枝，树叶就是具体的内容。

熊猫

Can	Have	Are
爬树	爪子	黑色的
游泳	皮毛	白色的
吃竹子	宝宝吃奶	野兽

这种思维导图可以说是你最需要用到的。绘制思维树的整个过程就是考验你对具体知识点的理解，对具体事物的描述和表达，可以让你的阅读、写作能力、演讲水平等有一个非常明显的

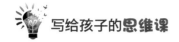

提高。

Can/ Have/ Are 升级表

当你需要描述一个名词或者一个事物时，选择 Can/ Have/ Are 表是非常明智的做法，尤其是能够帮助你从不同的侧面、角度，全方位地进行描述。你梳理出来的关键词越多、分类越清晰，那么你对于这个名词或者这个事物的表述就越清楚。

Can/ Have/ Are 表可以根据实际情况进行一定的变形，通过局部调整使它更适合你需要完成的主题。

当你需要描述一种植物的时候，就可以调整为 Can（能做什么）/ Have（有什么）/Give（可以给予什么）表。你在新的场所需要介绍事物的基本情况时，可以用 Like　to（喜欢什么）/Are（是什么）/Can（能做什么）表。吃货在描述美食时，就可以用 Smells（闻起来）/Eats（吃起来）/Feels（感觉是）表等。

随着年龄增长，你会遇到不同场景、不同表达内容、不同具体主题，这时，你是否可以进行一定的转换呢？

"思维导图"怎么做？——观察笔记这样做

思维就是想什么、怎么想的问题。当你动手将自己的思维利用思维导图的形式进行呈现时，就会发现，你首先要做的就是，知道自己知道什么，知道自己不知道什么，知道自己想要知道什么。

知道自己知道什么 + 知道自己不知道什么 + 知道自己想要知道什么 = 思维准备

接下来，以观察笔记为例，了解怎样做好"思维准备"。从表面上看，思维准备常常是以分类与分层的形式来呈现的。

植物观察笔记思维准备结构图

观察方式	观察对象	怎么做	关注时间	关注地点	观察感受
对比观察	特征	画特征	季节	环境	科学依据
动态观察	角度	草图	周期	地理环境	人文关系
自然（直接）观察	个人喜好	漫画	天气	生活习性	宇宙观
间接观察	对比	局部放大特写	气候		联想
实验观察	畅想		早晚变化		对比
解剖观察	重点观察	故事连环画	实验延续		判断
重点观察					
综合观察		装饰画			
同期观察					

通过分类，可以知道具体的小问题所关联的内容。比如写植物观察笔记的思维准备，包含观察方式、观察对象、怎么做、观察时间、观察地点及观察感受等。

通过分层，可以清楚具体的小内容包含哪些内容。例如观察方式包含对比观察法、动态观察法、自然（直接）观察法、间接观察法、解剖观察法、重点观察法、综合观察法、周期观察法等。

妙招一、知道自己知道什么

问题是思维的发动机。通过问题可以让你的思维有顺序、有效率地展开。试着回答下面的问题，进行简单思考，判断一下你是否能够知道自己知道什么。

（1）上面的结构图里既有分类的内容，也有分层的内容。分类的内容，即植物观察笔记的思维准备包含_____、_____、

_____、_____、_____、_____六个方面。

（2）将观察对象进行分层，你会发现，它的下面可以分为

_____、_____、_____、_____、_____、

_____六个方面。你还有新的想法，可以添加_____等内容。

（3）你还知道_____进行分层后包含_____

_____。

妙招二、知道自己不知道什么

每个人都会有自己知道的内容，也会有自己不知道的内容。清楚地知道自己不知道什么，可以让你的成长更有方向，更有效果。

思维训练

（1）在观察方式、观察对象、怎么做、观察时间、观察地点

及自己的观察感受这几个类别中，你不清楚的内容是＿＿＿＿＿＿

＿＿＿＿＿＿＿＿＿＿。对于这种形式，不明白的原因比较常

见的是：A.不清楚词语表示什么意思；B.不知道这个词语对应的

是怎么做；C.做出来之后不知道怎么记录；D.不明白两个词语或

者几个词语之间的不同点是什么。现在请你想一想，你的原因是

什么？＿＿＿＿＿＿＿＿＿＿＿＿＿＿＿＿＿＿＿＿＿＿

（2）对照下面中小学生常见的不知道原因及方法。上面这个

任务中，你认为需要选择＿＿＿＿＿＿＿＿＿＿＿＿＿＿＿

方法帮助你弄清楚不知道的内容。

学龄段	思维准备能力的小进阶	思维难点	思维小方法
小学低年级	按照要求做准备，跟着老师的示范一步一步地完成任务	不知道词语意思	不懂，就直接问，问老师、问家长，查字典、查书籍
小学中年级	按照要求做准备，根据老师的提示完成任务	不知道怎么做	学会模仿做迁移：第一次遇到的就直接请教别人。如果是类似问题，就想办法通过模仿尝试操作
小学高年级	按照主题做设计，根据老师要求完成任务	不知道包含哪些内容	找到合适的逻辑顺序，帮助自己做设计。常见的逻辑顺序有因果关系（因为……所以……）、递进关系（先……接着……然后……继续……最后……）、包含关系（植物包含根、茎、叶，叶包含叶脉、叶柄……）等
初中生	选择自己感兴趣的内容，按设计要求完成观察	整体结构不知道怎么处理	结合具体情况，综合运用前面的方法

妙招三、知道自己想知道什么

弄清楚自己知道什么、不知道什么，接下来就可以考虑自己

想知道什么了。换句话说，你的兴趣是什么。像这样，你通过思考发现你的兴趣，通常是建立在你的能力基础上的真正兴趣。这样的兴趣，一方面可以增加你的知识储备，另一方面还可以锻炼你的思维能力。

 思维训练

（1）这些例子中，你知道是什么意思的有＿＿＿＿＿＿＿，

你不知道的内容有＿＿＿＿＿＿＿＿＿＿＿＿＿＿＿＿，

你知道怎么做的有＿＿＿＿＿＿＿＿＿＿＿＿＿＿＿＿，

你不知道怎么做的有＿＿＿＿＿＿＿＿＿＿＿＿＿＿，

你选择解决的方法有＿＿＿＿＿＿＿＿＿＿＿＿＿＿。

（2）经过分析你确定了自己的兴趣，你最想选择的观察方式是

＿＿＿＿＿＿＿＿＿＿＿＿，观察对象是＿＿＿＿＿＿＿，

你选择的做法是＿＿＿＿＿＿＿＿＿＿＿，想在什么时间进

行观察＿＿＿＿＿＿＿＿＿＿，在什么地点进行观察＿＿＿＿

＿＿＿＿＿，你预计会观察到什么现象＿＿＿＿＿＿＿＿＿＿。

几岁开始学习思维导图？

思维导图是思维训练的最好方式之一，思维导图的形式也非常有趣。只要会画画，你就非常愿意将看到、听到、想到的内容画出来。这时，就是你可以开始绘制思维导图的时候。

用给图片排序的方法，可以进行有序做事的相关训练。用专业的语言来描述，按照时间顺序（事件发展顺序）给图片排序，可以锻炼思维的严密性（做事情不丢不落）、逻辑性（做事情有

顺序）。

你可以帮助弟弟妹妹画一些这样的画面，跟他们玩一下有趣的思维导图小游戏。

比如说刷牙的顺序：接水—挤牙膏—刷牙—漱口—将牙具放回原来的地方。现在想一想，你需要画几个画面？打乱顺序后，你的弟弟妹妹用了多长时间完成了正确排序呢？

【伙伴的例子——图画式思维导图】

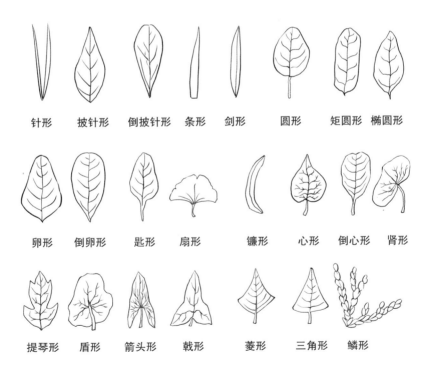

（1）重点观察植物的叶子

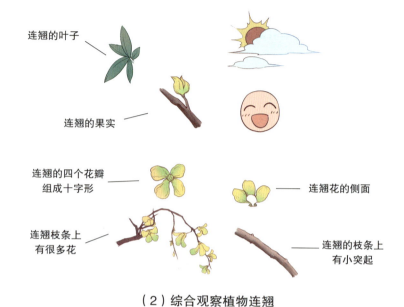

连翘的叶子

连翘的果实

连翘的四个花瓣
组成十字形

连翘花的侧面

连翘枝条上
有很多花

连翘的枝条上
有小突起

（2）综合观察植物连翘

迎春花是品字形复
叶，小叶三片，呈
卵形，或长卵形。

迎春花有五个或
六个花瓣

迎春花花苞

（3）周期观察植物迎春

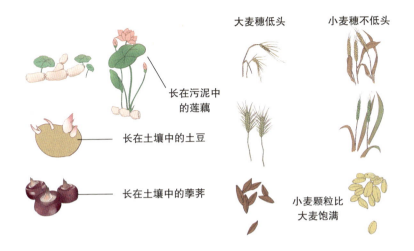

大麦穗低头　　　　　小麦穗不低头

长在污泥中
的莲藕

长在土壤中的土豆

长在土壤中的荸荠

小麦颗粒比
大麦饱满

（4）对比观察"新芽"是什么　　（5）综合观察大麦和小麦

一片子叶　　　两片子叶

平行脉　　　　　　　网状脉

分散的
维管束

筒状的
维管束

花瓣
基数为3

花瓣
基数为5

（6）对比观察单子叶植物与双子叶植物

2. 各种各样的思维导图

思维导图的样式有很多，比如圆圈思维导图、泡泡思维导图、韦恩思维导图、顺序思维导图等。接下来我们就了解一下不同的思维导图。

有趣的思维导图

思维导图在想法产生到落实的过程中起到非常重要的作用。思维导图的运用能够有效地帮助我们进行分类、分析、归纳、整理等思维活动。思维导图可以充分发挥左右脑的联动协同功能，利用人的记忆、阅读、思维等规律，帮助你练就超强大脑。

接下来，我们就开启神奇的思维导图之旅。我们先从了解有趣的思维导图开始。

☆ 圆圈思维导图

圆圈思维导图基础版

圆圈思维导图可以帮助你梳理一个事物的认识或者一个想法的表述，特别适合你和小伙伴们一起进行一个话题的头脑风暴。圆圈思维导图最适合用于描述一件事情。比如海洋、树或者天空、数字 7，还可以是三角形、声母等。

你只需要这样做：在纸的中心位置画一个圆圈，里面可以写文字、符号、数字等与主题有关的内容；然后在外面画一个更大的圆圈，用词语、图形等记录你对于主题的理解或者你知道的与主题相关的内容。

【伙伴的双层圆圈思维导图】

如果主题是"我的妈妈"，那么外面的关键词就是"很漂亮""爱唠叨""很勤劳""是白领""喜欢吃榴梿""害怕兔子""特别孝顺"等。

如果主题是数字，那么外圈的内容就是与它相关的图片、计算式等。

语文圆圈思维导图

【我的双层圆圈思维导图】

拿起你的笔，用圆圈图描绘一下你最喜欢的活动、喜欢的书、给别人的礼物等。

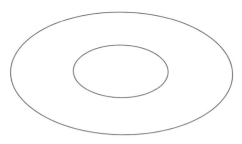

【伙伴的三层圆圈思维导图】

"土壤"这个主题下的圆圈思维导图，可以用三个圆圈来呈现，按照从中心向四周的顺序来观察，你会发现，中间的是主题，第二圈记录的是与土壤相关的类别以及这个类别之下的具体内容，第三个圆圈则呈现了本主题之下观察的方法是什么。

随着圆圈数量的增加，不同主题之下的内容就会有了一定的层次，看起来更加清晰，用起来更加方便。

实验观察
资料查询
咨询专家

种类：壤土、沙土、黏土
颜色：褐色、黑色
摸起来：
闻起来：

土壤

【我的三层圆圈思维导图】

确定一个你喜欢的主题，例如植物、动物或者微生物等，尝试用三层圆圈思维导图来进行完善。

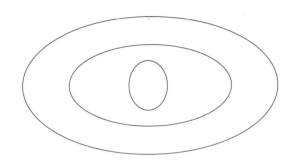

玩转圆圈思维导图

圆圈思维导图常见的玩法有两种，一种是从中心开始向四周分散，一种是从四周出发向中心汇集。

（1）从中间向四周分散　　　　（2）从四周向中心汇集

第一种玩法：从中心向四周分散

这种玩法的关键是，首先确定中心的主题，在中间的圈里写上主题。接下来，思考一下，哪些内容与这个主题有关，写到外圈里。

比如，中间的圈里写上三角形，那么外圈可以写什么呢？低

年级的学生也许会关注几条边、几个角、边什么样、角什么样，再大一点的学生会填写三角形的分类、特点，中学生还可以填写勾股定理等内容。这样看来，在相同的主题下，会因为年龄的不同、知识储备量的不同，而呈现出不同的圆圈思维导图。

第二种玩法：从四周向中心汇集

这种玩法还有一个有趣的名字，叫"猜猜主题是什么"。先在外面的圆里画上一些图片或者写一些文字，然后让小朋友猜猜圆中心的主题是什么，外面圆的内容可以从少到多逐步添加，随着信息的增多，就会越来越容易猜出主题是什么。

你会发现，猜出主题时需要的内容越少，你对主题的了解就越有深度。

和小伙伴玩"猜猜主题是什么"的游戏，你会得到两个方面的能力锻炼。一是画的能力或者写的能力。你需要画得贴近主题，写出的词语相对准确。这样可以更好地显示你的思维水平。二是猜想能力。你需要根据十分有限的有效信息，抓住中心思想，筛查相关主题，这样就可以用更短的时间，猜到主题内容。

圆圈思维导图的升级版

简单的圆圈思维导图是由两个圆圈组成的。实际应用时你会发现，圆圈思维导图可以根据实际需求设置为多层圆圈思维导图、多层分区圆圈思维导图。

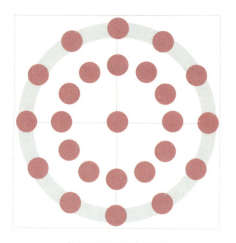

多层圆圈思维导图

多层分区圆圈思维导图

随着知识储备量的增加和思维能力的提升，你的圆圈思维导图的复杂程度也会随之发生变化。不论多么复杂的圆圈思维导图，都是从最简单的圆圈思维导图开始的。

最终，你会发现，随着你对圆圈思维导图升级版的使用熟练程度的提高，你的思维会更加拓宽、加深。当你思考问题的范围越来越大、思考问题的程度越来越深时，你就可以更好地探索更多的未知内容。

☆泡泡思维导图

泡泡思维导图基础版

泡泡思维导图比较简单有效。它可以帮助你学习知识、描述事物，很多小朋友都非常喜欢使用泡泡思维导图。

泡泡思维导图可以用来表示事物的关系、样子、形状等，属于"妈妈和孩子"的关系。在你进行写作或者表达时，泡泡思维导图能够帮助你写出更多的相关内容，既深入表述又说出事物的多样性。

小伙伴的泡泡思维导图

泡泡"妈妈"是玉米，泡泡"孩子"是"甜""美味""烫""浓香""有点黏""糯糯的"等。

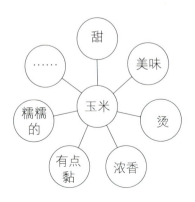

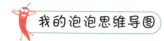

动手试试看，用泡泡图描述一下你的好朋友、你喜欢的宠物、最爱吃的水果、最爱玩的游戏等。

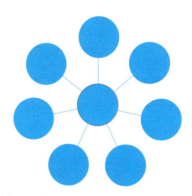

玩转泡泡思维导图

泡泡图的玩法，比较困难的是，你要确保所有外围泡泡都表达的是同一个事物，比如玉米的特点是一个独立的泡泡思维导图，玉米的生长是另一个独立的泡泡思维导图，玉米的种类是第三个独立的泡泡思维导图。

低年级学生表达的内容只要和玉米相关就可以，中高年级就需要关注具体的一个方面，比如成长、结构或者前世今生。到了中学阶段，关注的层级就应该更加展示自己的思维深度，比如种属、高产条件等。

使用单层泡泡图时，一定要注意所有外面的泡泡各自独立并且关系平等。

玩的时候，可以和小伙伴一起，商量一个主题，然后用接力的方式来丰富泡泡的数量。比如，以当时看到的对方身上的内容为主题，互相用成语对话。如小家碧玉、男儿当自强、秀发飘飘、黑白相间……

类似的游戏有很多，可以把不同学科相结合，可以围绕大家都感兴趣的话题展开，可以是大家都了解的内容等。

泡泡思维导图升级版

"双重泡泡思维导图"是泡泡思维导图的升级版。双重泡泡思维导图是一个分析"神器"，它的最大优点在于，可以帮你对两个事物进行比较、对照，找到两个事物的差别和共同点。基本的双重泡泡思维导图是下面的形式。

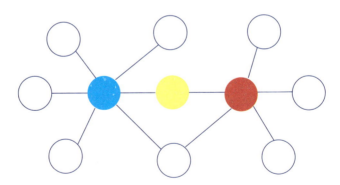

双重泡泡思维导图通常要把比较的事物放在两个泡泡内，用左右两边的泡泡来呈现两个事物各自不重合的特征，中间那一排泡泡里是它们的共同特征。

比如，你可以用双重泡泡思维导图来罗列和区分陆生动物、水生动物和两栖动物。

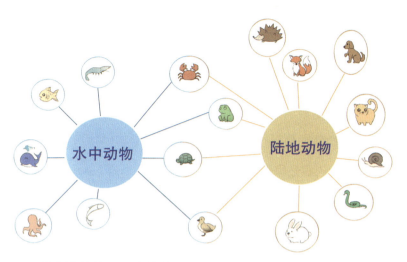

现在试着填写下面的多重泡泡思维导图。

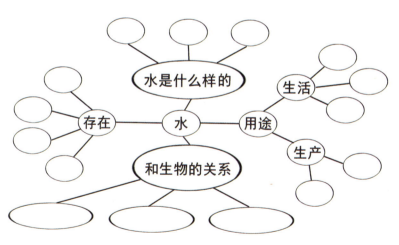

多重泡泡思维导图

☆韦恩思维导图

韦恩思维导图初级版

如果你需要将两个事物进行比较，那么就需要用到韦恩图。将两个事物分别画在不同的圈内，各自独立的部分只属于自己，重叠部分的内容是你有我也有的。

小伙伴的韦恩思维导图

左面图形里列举的是生活在水里的动物，右面图形里列举的是生活在陆地的动物，重叠的部分就是既能在水里生活又能在陆地生活的动物。看韦恩图，很容易就知道青蛙、乌龟、鸭子等既能生活在水里又能生活在陆地上。

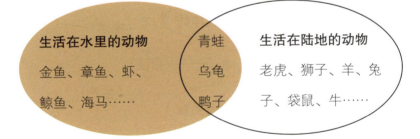

 我的韦恩思维导图

动手试试看，用韦恩图来比较你和你的好朋友、比较爸爸和爷爷、比较你最喜欢吃的和最讨厌的食物、比较两个老师、比较两个班级、比较男生和女生等。

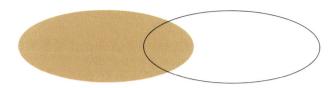

玩转韦恩思维导图

韦恩图的玩法有点类似双重泡泡思维导图，将共同特征填入中间重叠的部分，不一样的特征填入各自独立的部分。

韦恩图适合使用的场景很多。只要是需要找到两类事物或几类事物的共同点和不同点时，你就可以使用韦恩图。

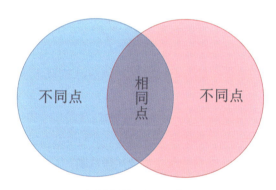

韦恩思维导图示意图

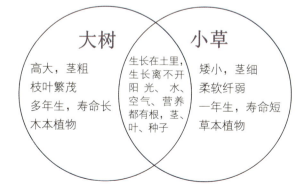

韦恩思维导图：大树和小草做比较

韦恩思维导图升级版

简单地说，韦恩思维导图的升级一方面是比较事物的增多，另一方面是分级项目的清晰化。当然还有更多的升级形式，你可以试着先模仿，再创新，就一定可以拥有属于自己的思维方式。

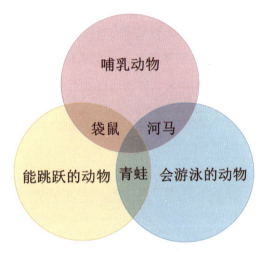

经典多重韦恩思维导图

玩转韦恩图

韦恩图的玩法比较简单有趣，你可以先将几类事物的特点全部列出来，然后进行归类，将共同点找出来，将不同点放在对应位置，最后填入韦恩图。

当思维能力发展到一定水平后，你就可以一边想各个事物的特点，一边根据它是共同点还是不同点，分别填入相应的位置。

口味排名靠前的菜系

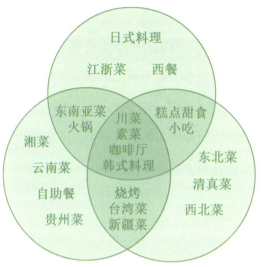

日式料理

江浙菜　　西餐

东南亚菜
火锅

川菜
素菜
咖啡厅
韩式料理

糕点甜食
小吃

湘菜

云南菜

自助餐

贵州菜

东北菜

清真菜

西北菜

烧烤
台湾菜
新疆菜

安全价格区间的菜系　　　　性价比排名靠前的菜系

升级韦恩思维导图

蚂蚁和金鱼

蚂蚁	蚂蚁和金鱼的共同点	金鱼
生活在陆地上	会运动	生活在水里
身体分为三部分	需要食物维持生命	身上有鱼鳞
爬行	会排泄废物	用鱼鳍游泳
群居	会对外界的刺激做出反应	独居
食物多样	会生长发育	吃鱼食
用气门呼吸	会繁殖后代	用鳃呼吸

现在请你试着将内容填入韦恩图的相应位置。

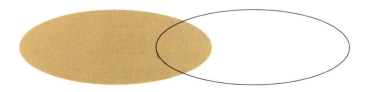

☆思维树（树状思维导图）

思维树基础版

思维树也叫树状思维导图。如果你想学习分类思考，可以选择画思维树。思维树就像一棵大树，可以分门别类地把事物有条理地列出来。你需要先确定一级主题，然后进行分类，一层层地继续分类，最后可以对每个内容进行补充。思维树非常适合完成记录学习笔记、进行知识汇总等任务。

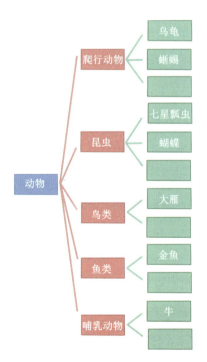

初级知识树：动物分类

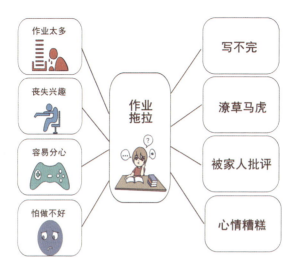

初级思维树：作业拖拉表现与原因分析

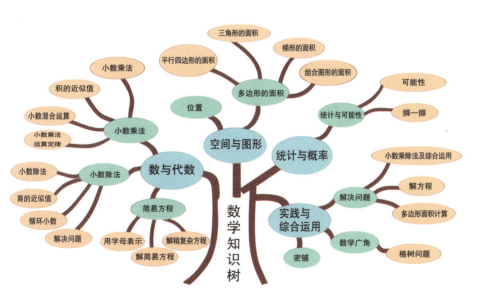

升级思维树：数学知识汇总

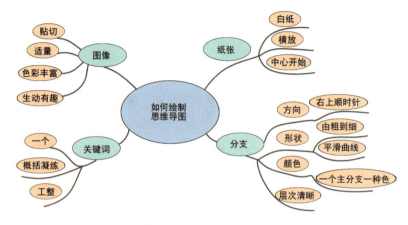

升级思维树：绘制思维导图

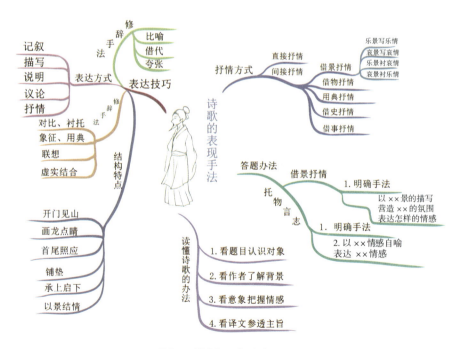

升级思维树：诗歌表现手法

玩转思维树

思维树的玩法其实很简单。你要注意各自的层级和发散。只要你的思维像大树一样，由一个点生发出和它相关的其他内容，按照这样不断重复，就会得到一个让你满意的思维树。

比如，可以用思维树帮助你进行作文构思。下面练习是以"一次游戏"为主题，呈现了一部分内容。可以试着先读一读，看看这部分内容呈现的是什么意思，然后进行模仿，你也可以在空白地方补充自己的构思。

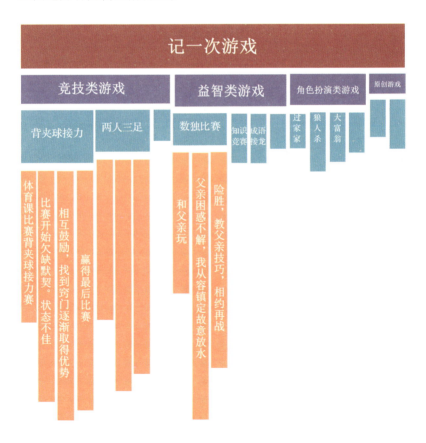

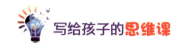

现在请你选择一个喜欢的主题，试着绘制一棵简单的思维树。

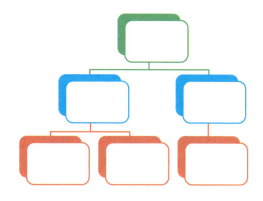

☆流程思维导图

流程思维导图

流程思维导图也叫流程图，它能够帮助你清楚地按照顺序记录相关内容，可以在做事之前呈现工作顺序的计划，可以在事情结束后归纳总结它的顺序，也可以总结完成某项工作的技巧。

初级流程思维导图

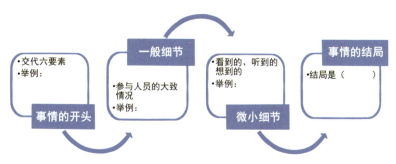

流程图："周末去学校"作文结构

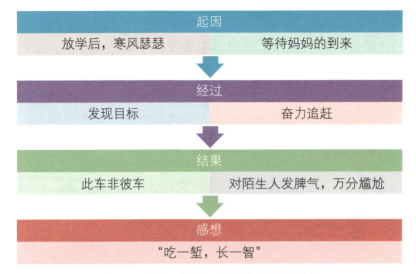

流程图:"吃一堑长一智"作文结构设计

升级流程思维导图

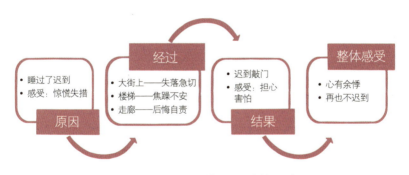

流程图:"迟到了"作文结构设计

玩转流程图

　　流程图的适用范围比较广泛,小学低年级的学生可以用画图的形式来记录刷牙顺序、洗手顺序,小学中高年级学生可以用图文结合的形式来记录作文、设计问题思路等,中学生和成年人可

写给孩子的**思维课**

以用流程图来呈现自己的一项计划、规划或者总结等。

现在，从下面几个逻辑图中选择一个自己喜欢的，完成设计。

☆桥状思维导图和环抱思维导图

桥状思维导图和环抱思维导图

桥状思维导图用来描述事物之间的相似性和相关性。图的左边描述主题，右边分别列出各个相似主题的名称和特性。

环抱思维导图用于分析整体和局部的关系，也是平时使用较多的一个图。左边是整体，右边是局部。

初级桥状思维导图和环抱思维导图

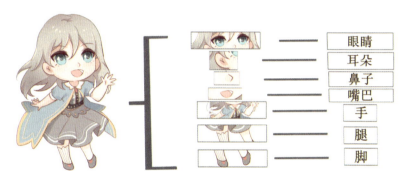

环抱思维导图：身体部位

好了，现在你对于常见的几种思维导图是否有了新的认识？

虽然这些图的基本形式和应用例子都很简单，但是要想训练你的思维，还需要花很多时间去深入地理解和使用这些思维导图。

为什么呢？因为思维导图相对简单，但是厘清你的思维就不简单了。随着你的思维越来越严密，你的思维导图也会变得越来越复杂，应用起来就会越来越变幻无穷。

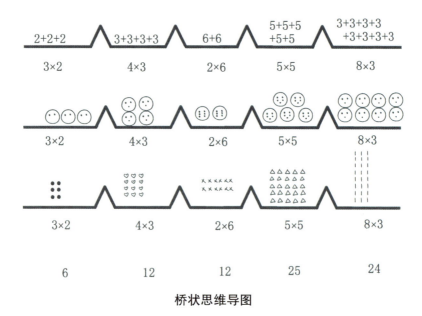

桥状思维导图

　　记住，上述几种思维导图既可以单独使用，也可以根据任务需要综合使用。

　　用最简单的语言来说，画图、写字不是绘制思维导图的目的，厘清思维，提升思维能力才是我们真正的目的。

　　真正的功夫，其实在绘制思维导图之外。接下来就让我们来学习怎样读懂思维导图。

3. 理解思维导图学会用语言表达它

　　思维导图是一种图像式的思考工具。接下来，请你尝试顺着一定思路来理解思维导图，充分发挥你的想象和联想。想象是指某个事物用图画或者语言表述出来的样子。联想是由这个事物想到与他相关的、与他不同的、与他相同的等其他内容。

思维导图的核心，包含了一个基础、两个灵魂。

一个基础——关键词。

两个灵魂——逻辑思考（怎么做）和发散思维（想到什么）。

关键词，就是回答"是什么""怎么样"等问题的简短词语。确定关键词时，你可以用最少的字数、最简洁的表达来帮助自己确定到底用哪个。

逻辑思考时，你可以考虑顺序、时间、空间、关系等问题。

发散思考时，有一个小窍门：往上找大类，中间找同类，向下找小类。

建立思维的框架

简单地说，思维导图就会利用发散思维原理，按照一定顺序绘制出来的一种图形笔记和思考方法。和常规的传统笔记比较，你会发现，思维导图的信息量更大，呈现的内容更容易记住且不容易遗忘，可以轻松地呈现创新的想法、做法。同时，思维导图的功能强大，它可以帮助你学习记忆、学习管理、梳理总结、计划创新等。

更直白地说，思维导图可以让你看清楚全部，激发你的灵感，让你做出正确的判断，是名副其实的思维地图。

思维导图的发明人托尼·博赞先生，是著名教育家、心理学家，同时也是世界脑力锦标赛发起人。有人称托尼·博赞先生为"世界记忆之父""世界大脑先生"。

思维导图最初是托尼·博赞先生为一群患有"学习障碍症"

的学生准备的。他将思维导图引入他们的学习。不久，这群患有"学习障碍症"的学生学习状况有了明显的变化。思维导图一举成名，开始在世界范围内推广。这才让我们有机会接触到思维地图——思维导图。

要想拥有一张合格的思维导图，你需要搭建一定的思维框架，拥有一定的小技巧。

技巧一、思维导图可以很"美"

爱美之心人皆有之。事实证明，美的事物留给你的记忆是深刻、持久的。思维导图也是如此。一张色彩鲜明、线条流畅、明暗协调、书写工整的思维导图，你一定会心情愉快地看它的细节，随着各个分支的走向，完全看清楚这张导图时，你就会在不知不觉中，掌握了它所呈现出来的知识点。

"美"的思维导图，不是看你绘画水平有多高，更多的是关注你认真的程度。只要是你经过认真思考，用心画出来的线条，认真想出来的关键词，有自己想法的中心图，那么这就是一张"美美"的思维导图。

技巧二、思维导图离不开"发散思维"

你在思考问题时，脑海里总是会跳出几个关键词，然后，你会结合你的习惯、认识和逻辑性来进行思考，将这些词连接不同的关系——前后关系、因果关系或者递进关系等，最后你会得出最终的想法。

看到"猴子、椰子树、七折"这三个词，很多人会想到"猴子爬到椰子树上摘椰子，节省成本，当地的椰子会七折优惠"。但是如果将其中的一个词换掉，变成了"猴子、椰子树、台风"，你是否会想到"椰子树上的猴子遭遇了台风"？

看到了吗？这就是大脑的神奇。它可以将发散思维（你的想象）与逻辑思维（事物之间的关系）完美地结合起来。思维导图更进一步地将你大脑里的想象与关系进行了可视化的表现。这是不是很神奇？

现在你是不是知道了思维导图就是将你的想法变成"思维地图"，其中发散思维的表现就是"关键词"？你会发现，有的思维导图写满了句子，有的思维导图只有简单的几个数字，但这并不影响你读懂它。

所以，你要知道的秘密武器就是，你需要提升思维能力，让你能够抓住重点，可以将句子变成词语，在思维导图的枝干上写上合适的关键词。

当然，有的关键词可以用图片来代替。这就是为什么你会看到没有一个字的思维导图。

技巧三、思维导图一定"有层次有结构"

课桌乱了你会整理，头发乱了你会梳理，但是你知道怎么对大脑和思维进行梳理吗？

其实很简单，你已经在做这件事情，只是你还没有意识到，或者你还没有掌握更有效的梳理思维的方法。

在前面各种各样的思维导图中，我们会发现，它们有一个

共同点，就是会用主干和分支来表示分级关系。比如从生物到动物，再到鱼类、鸟类、哺乳动物类等，还可以将鱼类继续分为海洋鱼类和淡水鱼类。如果你愿意，可以将淡水鱼类继续划分：人工养殖淡水鱼、野生淡水鱼……

你发现了吗？思维导图具有强大的分类归纳能力。它将发散思维（你的想象）和逻辑思维（事物之间的关系）很好地统一到一起，也就是左脑和右脑合作，将你的想象按照一定关系协调地呈现在纸上。随着思维导图画得越来越多，越来越好，你的大脑思路也会越来越清晰，记忆越来越深刻。

现在你知道了吗？思维导图的框架其实并不复杂，用一句话来说就是："美"是一种态度，"发散"是用关键词概括意思，"分层"是按照一定的关系排队。掌握了这三个小技巧，你就可以绘制一张属于你的合格的思维导图。

具有美感 + 发散思维 + 分层呈现 = 合格的思维导图

看懂思维导图

找到主题 + 理清关系 + 沿着分支一层一层读出来

除了要创作思维导图，更多的时候，你需要读懂别人的思维导图。思维导图形式多种多样，可以表达更多的不同内容。读懂它需要一定的技巧。你需要明确思维导图的主题，主题的位置通常在正中间，或者分支结构的起点位置，通常是比较显眼的表述。接下来，可以找到最上级的内容，就是关于主题的几个主要关键词。找到关键词后，你需要将它转换为小问题，为接下来的语言描述做准备。最后，可以沿着分支线，逐条脉络地解读，汇总起来就是一个完整的思维导图。

越是复杂的思维导图，承载的内容就越多，层级间的关系、回答的问题也就相对复杂。你需要静下心来，细心地看，用心地思考，为用清楚的语言表述出来做准备。

技法一、随着长线分支走向"拐弯抹角"地读

有的思维导图，没有很多分支，一条主干只有一条分支，但是分支特别长。这时，你需要学会随着分支走向，挨个阅读关键词，用语言将思维导图表达出来。

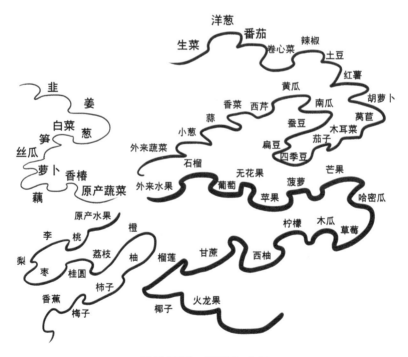

思维导图：蔬菜和水果

首先，你要找到主干，然后按照主干顺序进行阅读。你会发现这张思维导图的主干上只有一条分支，更有趣的是这条分支弯弯曲曲地延续了特别长的距离。现在你准备好了吗？试着找到思维导图的主题所在位置，也就是思维导图的中心点。然后以它作为起点，沿着分支的方向解读关键词。

慢慢地看上一会儿，你会发现，这几条分支是并列关系，没有先后顺序，也不是因果关系。所以，你可以按照自己的习惯或者从你最感兴趣的那条分支开始解读。

数一数，就知道了，这张思维导图上有四条分支线。换句话说，就是蔬菜和水果这个主题之下，设置了原产蔬菜、外来蔬菜、原产水果、外来水果四个类别，左上角的分支是"原产蔬菜"，沿着这条线可以按照从下到上的顺序进行解读，运用发散思维（你的想法），整理出来的语言可以是这样的：原产蔬菜的内容包括：香椿、藕、萝卜、丝瓜等。

现在给你一分钟，用同样的方法试试看，你能够将其他几条分支用自己的语言表达出来吗？

在表达过程中，你注意到了吗？这些词语之间既不是从属关系，也不是前后关系，更不是因果关系，也就是藕不属于香椿，也不是先有香椿再有藕，更不是因为有了香椿才有藕。

在绘制并列关系的思维导图时，因为分支线很长，如果画直线，一方面很难在有限的纸张上画出所有内容；另一方面即便是都用直线画完，也会出现不美观的情况，所以比较常见的做法是用曲线来绘制。

　　解读由曲线构成的长线思维导图时，你只需要沿着弯曲的分支逐个关注，做到有顺序、不遗漏就可以。它通常回答的是"有什么""是什么"的问题。

　　技法二、随着层次读懂多个分支之间的关系

　　有的思维导图在绘制时，可以用图片、字母、公式等来呈现，既简练又明了。绘制这类导图时，一方面要考虑色彩搭配，主要内容可以用深色、亮色、偏粗一点的线条，次要内容可以逐渐用稍微浅色、偏暗、变细的线条来呈现。绘制图形时，同一类图形可以用相同的颜色，集中到相同的空间来表达。这样的做

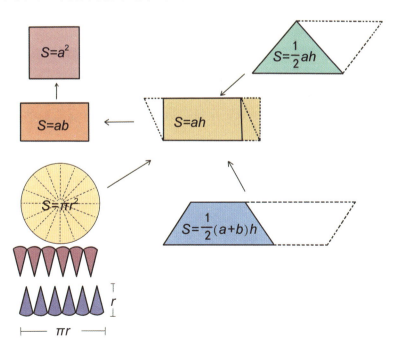

平面图形面积公式推导图

法，会让你的思维导图更容易呈现出类别。

要想看懂这类思维导图，可以通过线条来找到各自的从属关系，还可以通过将图像或者公式转换成相应的语言表达出来。

在这样的观察、转换、表达过程中，你的思维会越来越清晰，在深刻记忆的基础上，还能建立起知识网络。

你能看懂它们之间的关系吗？回忆一下学过的知识，你会发现，正方形的面积可以通过摆一摆、数一数的方法得出来：正方形的面积＝边长×边长。接下来就比较有意思了。当正方形边长的上下长度保持不变，而是左右拉长后，会得到长方形。那么长方形的宽就是之前的边长。虽然上下边长的左右长度有了新变化，但是不影响推演结果。所以长方形的面积＝长×宽。接下来长方形与平行四边形之间的联系呢？通过切割后重新拼合的方法，你会发现平行四边形和长方形是有一定关联的。平行四边形的底边相当于长方形的长，平行四边形的高相当于长方形的宽，将长方形面积公式"长方形面积＝长×宽"进行调换，就顺利地推导出平行四边形的面积公式"平行四边形面积＝底×高"。

先读懂别人的思维导图，再结合自己的理解，加入自己的想法，进行新一轮的创作表现，你会发现：你不需要强迫自己进行记忆，但是你记住了很多。你不需要告诉自己这很难，但是你发挥出来的水平，超出了你对自己的评估。

这就是进行思维导图训练后，思维能力提升带来的学习成就感。

接下来，你是不是可以用自己的语言将三角形、梯形和圆形的面积公式，用自己的语言表达一下？

用语言表达出来，有没有感觉图形面积一下子清晰了很多？如果你有时间可以在下面方框里，先用语言表述你看到的思维导图，然后按照自己的理解，进行再次创作，用自己喜欢的方式重新绘制。

技法三、读懂分支众多的思维导图需要耐心

随着能力的提升，你绘制的思维导图含金量会越来越高，最直接的表现就是，思维导图分支数量、分支层级会越来越多。

分支数量越多，表明你的思维能力就越强。分支多的思维导图，通常会包含一定的关系，比如时间顺序关系、空间顺序关系、因果关系、递进关系、整体与局部的关系等。

层次众多的思维导图，主干的阅读顺序大多相同。你可以先看第一层级的内容，了解主题内容的大致分类。然后，沿着分支线，一层层地阅读。

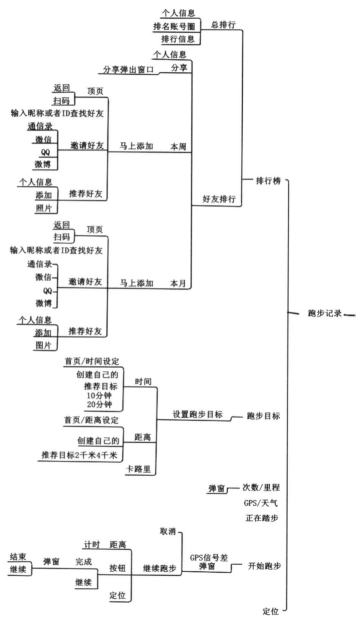

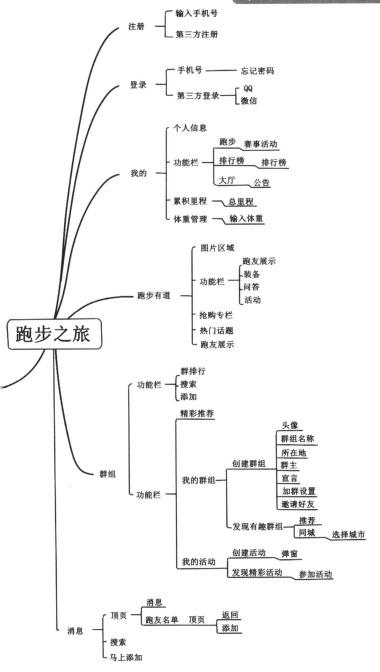

上面这个思维导图，比较复杂。以"跑步之旅"为主题的分支，包含了跑步记录、注册、登录等七个部分。这七个部分相对独立，是并列关系。然后，可以找到你最感兴趣的分支继续阅读。

比如"跑步记录"下的分支"开始跑步"，使用 GPS 信号系统完成"跑步记录"功能。如果你不想进行记录，可以按"取消"键关闭记录功能。如果没有按"取消"键，就进入了跑步记录的小程序，你可以了解、记录跑步的时长、距离、定位等相关数据。如果想休息，那么可以按下"完成"键，看到跑步的相关数据。如果你休息后还想继续跑步，可以按"继续"键，继续记录跑步数据。需要用上百字来表述的内容，在思维导图里只用了 13 个词就说明白了，是不是很有思维含金量呢？

现在，当美观（认真）、发散思维、分层结构的三个基本特点具备了的时候，你就拥有了一张合格的思维导图。

一旦你喜欢上思维导图这种表达形式时，就可以忘掉思维框架。你需要做的就是抓住思维导图的重要内容，就可以按照自己的想法自由发挥。

4. 怎样用思维导图来提高思维能力

思维活动有很多类型和形式。比如摸一摸感觉热，这就是第一种思维形式——感知。我们看到的图像、听到的声音、闻到的气味等就是另外一种思维形式——形象思维。我们看到 1+1 就想到了等于 2，这属于第三种思维形式——抽象思维。我们常说有灵感就能写好作文，灵感也是一种思维活动的形式。

有的专家把思维能力比作一棵大树，以此来说明思维能力是可以不断成长的。它枝繁叶茂，有主有次，通常是从底层慢慢地延伸到高层，从中间慢慢地扩散到四周。

　　要想让你的思维树越来越茁壮，就需要用心"浇灌"它。

用思维导图提升阅读思维

　　在信息爆炸的当下，你的阅读思维直接影响你的阅读能力。思维导图可以帮助你解决阅读不专心、思考没逻辑的问题，从而帮你提升阅读思维能力。

　　阅读是将外部信息记忆在大脑中，这就是输入。用语言复述、写笔记、绘制思维导图、考试等形式，将你储存在大脑的信息表达出来，这就是输出。

　　如果只是阅读，而不整理，那么，你就只有输入而没有输出。这种阅读方式，会大大降低你的学习效果。如果你用聊天、绘制思维导图等形式，将获得的知识进行输出，那么你阅读的内容就有可能真正地被记住，才能够真正属于你。因为你在输出知识、提炼关键词、确立层级关系的过程中，会越来越理解对应的内容，你的阅读思维能力会越来越强，你的脑力自然就会得到进一步的提升和锻炼了。

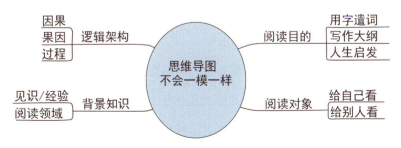

利用思维导图提升阅读能力

阅读思维将带给你哪些思考方法

阅读可以让你了解作者的想法，让你将作者的想法和自己的学习生活联系起来，可以理解作者想要表达的文字背后的意思，还可以试着将你阅读得来的收获用到自己的学习生活中。

（1）通过阅读思维你可以掌握关键要素思考法：5W1H法。（Who、What、When、Where、Why、How），也就是"人、事、时、地、因、果"。

（2）逻辑关系理顺法。你可以掌握各个部分之间的逻辑关系：前后关系、因果关系、递进关系、上下关系等。

（3）看懂背后的意思。你可以了解作者隐含在文字后面的内容，了解阅读内容与自己的关系等。

（4）阅读思维可以告诉你如何将阅读到的内容运用到生活中。

（5）随着知识储备越来越多，阅读思维能力将得到持续性的提升，这时，你就能够进行"批判性的思考"，拥有自己的观点。

通过阅读思维的五种基本思考方法，你可以结合自身的背景知识，把作者的文字用各种方法进行分析、组合，使它变成属于自己的知识，应用到你的生活中。

阅读思维可以提升你哪五种阅读能力

（1）搜索关键词，快速抓重点的能力：阅读资料时，你可以拥有准确地运用关键词搜寻重点，缩短阅读时间的能力，这样可以提高你快速浏览、抓住重点的能力。

（2）留下重要的，删除不需要内容的能力：当时间有限时，可以通过略读、跳读的方法，删除不着急、不重要的内容，留下重要的、急用的内容。

（3）排顺序的能力：按照阅读需求将需要阅读的内容进行一定的排序，这样你不仅可以了解一定的内容，还可以按照顺序从容地完成阅读计划。

（4）分析内容形成自己观点的能力：随着阅读思维能力的提升，你能够找出作者写作的不足之处，可以试着提出修改调整建议。通过比较，你可以总结出作者写作中值得你学习的地方。

（5）创新能力：当阅读思维能力达到一定高度时，你可以在别人内容的基础上，创造出新的知识。

阅读思维促进阅读能力提升

阅读思维的基础是学会将阅读内容"文字化、图解化"

阅读时，可以按照五步读书法绘制思维导图，完成你对图书知识的输入和输出全过程。

现在请阅读下面的思维导图，理解阅读思维的五步骤。

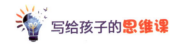

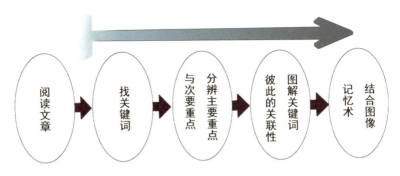

阅读的五个常见步骤

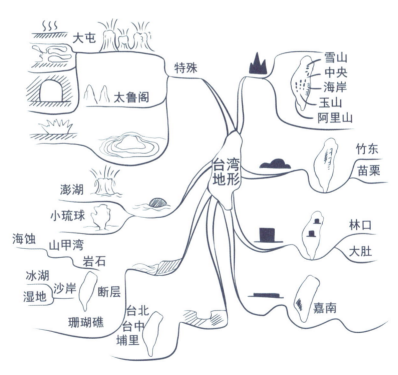

阅读思维导图

阅读思维导图是培养阅读思维的基础能力——文字化，通过此项训练，你可以具备"掌握关键因素""掌握关键因素之间逻辑关系"的能力。

当你能够用不同的图表、图解来展现关键因素之间的关系时，你就能绘制出"阅读思维导图"，那么你的阅读思维就得到了有效提升，左脑的逻辑思维能力和右脑的创造图像能力就得到了同步提高。你会发现你的思维越来越快、越来越全面、越来越科学，当然你的记忆能力也会变得超强。

记住，阅读思维导图需要逐步提高，慢慢实现从文字到文图混合再到全部图片的过渡。

阅读思维基础版：找到适合自己的书

信息爆炸时代，图书的数量可以说是浩如烟海，怎样挑选到适合自己的书，实际上是一个难题。

首先问自己，你阅读是想要解决什么问题？你是好奇？对这个主题感兴趣？是要写读书笔记？只是想打发时间？

现在，你是不是能够将阅读思维导图中的内容，按照自己的理解，来讲一下怎样用最短的时间挑选适合自己的书？

适合自己的书，一方面要看主题是不是自己需要的；要关注你感兴趣的主题有哪些书，可以找相关介绍、听一听朋友的读后感、去当当网和淘宝网等看网友评价等，也可以看排行榜、书籍推荐或新书宣传等，通过搜集、比较，找到最适合自己的图书；

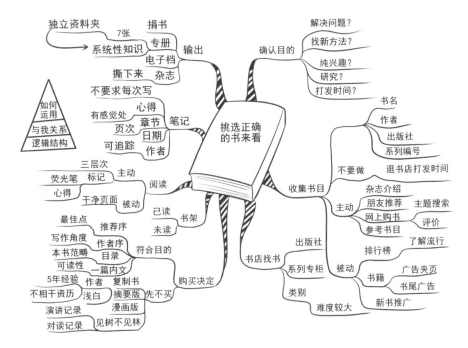

在最短的时间内挑选适合自己的书（从右上角开始，顺时针方向阅读）

接下来可以去书店找这本书，翻看一下，是文字版、插画版还是漫画版，找到适合你阅读的方式，再次判断是不是需要购买这本书；接下来开始阅读，完成你的输入环节；最终绘制阅读思维导图，至此你就形成了一个完整的输出环节。随着不断的训练，你的阅读能力会越来越好，阅读思维会越来越强。

当然，你的图书可以分类保存，这样，在需要用到书里的重要内容时，可以快速找到它。

阅读思维升级版：阅读思维导图的应用

记叙文的三步阅读法：

【1】阅读文章

《爱丽丝梦游仙境》第一章，内容如下：

爱丽丝靠着姐姐坐在河岸边很久了。由于没有什么事情可做，她开始感到厌倦。她一次又一次地瞧瞧姐姐正在读的那本书，可是书里没有图画，也没有对话。爱丽丝想："要是一本书里没有图画和对话，那还有什么意思呢？"

天热得她非常困，甚至迷糊了。但是爱丽丝还是认真地盘算着，做一只雏菊花环的乐趣，能不能抵得上摘雏菊的麻烦呢？就在这时，突然一只粉红眼睛的白兔，贴着她身边跑过去了。

爱丽丝并没有感到奇怪，甚至于听到兔子自言自语地说："哦，亲爱的，哦，亲爱的，我太迟了。"爱丽丝也没有感到离奇，虽然过后，她认为这事应该奇怪，可当时她的确感到很自然，但是兔子竟然从背心口袋里掏出一块怀表看看，然后又匆匆忙忙跑了。这时，爱丽丝跳了起来。她突然想到：从来没有见过穿着有口袋背心的兔子，更没有见过兔子还能从口袋里拿出一块表来。她好奇地穿过田野，紧紧地追赶那只兔子，刚好看见兔子跳进了矮树下面的一个大洞。

爱丽丝也紧跟着跳了进去，根本没考虑怎么再出来。

这个兔子洞开始像走廊，笔直地向前，后来就突然向下了。爱丽丝还没有来得及站住，就掉进了一个深井里。

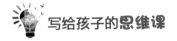

也许是井太深了，也许是她自己感到下沉得太慢，因此，她有足够的时间去东张西望，而且去猜测下一步会发生什么事。首先，她往下看，想知道会掉到什么地方。但是下面太黑了，什么都看不见。于是，她就看四周的井壁，只见井壁上排满了碗橱和书架，以及挂在钉子上的地图和图画。她从一个架子上拿了一个罐头，罐头上写着"橘子酱"，却是空的。她很失望。她不敢把空罐头扔下去，怕砸着下面的人。因此，在继续往下掉的时候，她就把空罐头放到另一个碗橱里了。

"好啊，"爱丽丝想，"经过了这次锻炼，我从楼梯上滚下来就不算回事。家里的人都会说我多么勇敢啊。嘿，就是从屋顶上掉下来也没什么了不起。"——这点倒很可能是真的，从屋顶上摔下来，会摔得说不出话的。

掉啊，掉啊，掉啊，难道永远掉不到底了吗？爱丽丝大声说："我很知道掉了多少英里了，我一定已经靠近地球中心的一个地方啦！让我想想：这就是说已经掉了大约四千英里了，我想……"（你瞧，爱丽丝在学校里已经学到了一点这类东西，虽然现在不是显示知识的时机，因为没一个人在听她说话，但是这仍然是个很好的练习。）"……是的，大概就是这个距离。那么，我现在究竟到了什么经度和纬度了呢？"（爱丽丝不明白经度和纬度是什么意思，可她认为这是挺时髦的字眼，说起来怪好听的。）

不一会儿，她又说话了："我想知道我会不会穿过地球，到那些头朝下走路的人们那里，这该多么滑稽呀！我想这叫作'对称人'（19世纪中学地理教科书上流行个名词，叫"对跖人"，意思是说地球直径两端的人，脚心对着脚心。爱丽丝对"地球对面的人"的概念模糊，以为他们是"头朝下"走路的，而且把"对跖人"错念成"对称人"了）吧？"这次她很高兴没人听她说话，因为"对称人"这个名词似乎不十分正确。"我想我应该问他们这个国家叫什么名称：太太，请问您知道这是新西兰，还是澳大利亚吗？"（她说这话时，还试着行个屈膝礼，可是不成。你想想看，在空中掉下来时行这样的屈膝礼，行吗？）"如果我这样问，人们一定会认为我是一个无知的小姑娘。不，永远不能这样问。也许我会看到它写在哪儿的吧！"

　　掉啊，掉啊，掉啊，除此之外，没别的事可干了。因此，过一会儿爱丽丝又说话了："我敢肯定，黛娜（黛娜是只猫）今晚一定非常想念我。""我希望他们别忘了午茶时给她准备一碟牛奶。黛娜，我亲爱的，我多么希望你也掉到这里来，同我在一起呀。我怕空中没有你吃的小老鼠。不过你可能捉到一只蝙蝠。你要知道，它很像老鼠。可是猫吃不吃蝙蝠呢？"这时，爱丽丝开始瞌睡了。她困得迷迷糊糊时还在说："猫吃蝙蝠吗？猫吃蝙蝠吗？"有时又说成："蝙蝠吃猫吗？"这两个问题她哪个也回答不出来，所以，她怎么问都没关系。这时候，她已经睡着了，开始做起梦来了。她梦见正同黛娜手拉着手走着，并且很认真地问："黛娜，告诉我，你吃过蝙蝠吗？"就在这时，突然"砰"的一声，她掉到了一堆枯枝败叶上，总算掉到底了！

　　爱丽丝一点儿也没摔坏。她立即站起来，向上看看，黑洞洞的。朝前一看，是个很长的走廊，她又看见那只白兔正急急忙

忙地朝前跑。这回可别错过时机，爱丽丝像一阵风似的追了过去。她听到兔子在拐弯时说："哎呀，我的耳朵和胡子呀，现在太迟了！"这时爱丽丝已经离兔子很近了。但是当她也赶到拐角时，兔子却不见了。她发现自己是在一个很长很低的大厅里。屋顶上悬挂着一串灯，把大厅照亮了。

大厅四周都是门，全都锁着。爱丽丝从这边走到那边，推一推，拉一拉，每扇门都打不开。她伤心地走到大厅中间，琢磨着该怎么出去。

突然，她发现了一张三条腿的小桌，桌子是玻璃做的。桌上除了一把很小的金钥匙，什么也没有。爱丽丝一下就想到这钥匙可能是哪个门上的。可是，哎呀，要么就是锁太大了，要么就是钥匙太小了，哪个门也用不上。不过，在她绕第二圈时，突然发现刚才没注意到的一个低帐幕后面，有一扇约十五英寸高的小门。她用这个小金钥匙往小门的锁眼里一插，太高兴了，正合适。

爱丽丝打开了门，发现门外是一条小走廊，比老鼠洞还小。她跪下来，顺着走廊望去，见到一个从没见过的美丽花园。她多想离开这个黑暗的大厅，到那些美丽的花圃和清凉的喷泉中去玩呀！可是那门框连脑袋都过不去。可怜的爱丽丝想："哎，就算头能过去，肩膀不跟着过去也没用。我多么希望缩成望远镜里的小人呀。（爱丽丝常常把望远镜倒着看，一切东西都变得又远又小，所以她认为望远镜可以把人放大或缩小。）我想自己能变小的，只要知道变的方法就行了。"你看，一连串稀奇古怪的事，使得爱丽丝认为没有什么事是不可能的。看来，守在小门旁没意思了，于是，她回到桌子边，希望还能再找到一把钥匙，至少也得找到一本教人变成望远镜里小人的书。可这次，她发现桌上有一只小瓶。爱丽丝说："这小瓶刚才确实不在这里。"瓶口上系着一张小纸条，上面印着两个很漂亮的大字："喝我"。

　　说"喝我"倒不错，可是聪明的小爱丽丝不会忙着去喝的。她说："不行，我得先看看，上面有没有写着'毒药'两个字。"因为她听过一些很精彩的小故事，关于孩子们怎样被烧伤、被野兽吃掉，以及其他一些令人不愉快的事情。所有这些，都是因为这些孩子没有记住大人的话，例如：握拨火棍时间太久就会把手烧坏，小刀割手指就会出血，等等。爱丽丝知道喝了写着"毒药"瓶里的药水，迟早会受害的。

　　然而瓶子上没有"毒药"字样，所以爱丽丝冒险地尝了尝，感到非常好喝。它混合着樱桃馅饼、奶油蛋糕、菠萝、烤火鸡、牛奶糖、热奶油面包的味道。爱丽丝一口气就把一瓶药水喝光了。

　　"多么奇怪的感觉呀！"爱丽丝说，"我一定变成望远镜里的小人了。"

　　的确是这样，她高兴得眉飞色舞，现在她只有十英寸高，已经可以到那个可爱的花园里去了。不过，她又等了几分钟，看看会不会继续缩小。想到这点，她有点不安了。"究竟会怎么收场呢？"爱丽丝对自己说，"或许会像蜡烛的火苗那样，全部缩没了。那么我会怎样呢？"她又努力试着想象蜡烛灭了后的火焰会是什么样子。因为她从来没有见过那样的东西。

　　过了一小会儿，好像不会再发生什么事情了，她决定立刻到

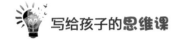

花园去。可是，哎哟！可怜的爱丽丝！她走到门口，发觉忘拿了那把小金钥匙。在回到桌子前准备再拿的时候，她却发现自己已经够不着钥匙了。她只能通过玻璃桌面清楚地看到它。她尽力攀着桌腿向上爬。可是桌腿太滑了，她一次又一次地溜了下来，弄得她精疲力竭。于是，这个可怜的小家伙坐在地上哭了起来。

"起来，哭是没用的！"爱丽丝严厉地对自己说，"限你一分钟内就停止哭！"她经常爱给自己下个命令（虽然她很少听从这种命令），有时甚至把自己骂哭了。记得有一次她同自己比赛棒球，由于她骗了自己，她就打了自己一记耳光。这个小孩很喜欢装成两个人。"但是现在还装什么两个人呢？"可怜的小爱丽丝想，"唉！现在我小得连做一个像样的人都不够了。"

不一会儿，她的眼光落在桌子下面的一个小玻璃盒子上。打开一看，里面有块很小的点心，点心上用葡萄干精致地嵌着"吃我"两个字。"好，我就吃它。"爱丽丝说，"如果它使我变大，我就能够着钥匙了。如果它使我变得更小，我就可以从门缝下面爬过去。反正不管怎样，我都可以到那个花园里。因此无论怎么变，我都不在乎。"

她只吃了一小口，就焦急地问自己："是哪一种，变大还是变小？"她用手摸摸头顶，想知道变成哪种样子。可是非常奇怪，一点没变，说实话，这本来是吃点心的正常现象。可是爱丽丝已经习惯了稀奇古怪的事了，生活中的正常事情倒显得难以理解了。

于是，她又吃开了，很快就把一块点心吃完了。

【2】抓住重点：文字化

记叙文章的内容，可以用六何法（何人、何事、何时、何地、为何、如何），也就是我们前面说到的5W1H（Who、What、When、Where、Why、How）法，来帮助你寻找重点。

这六个要素的顺序可以是"何时—何人—何地—何事—为何—如何"，也可以是"何人—何时—何地—何事—因—如何"。

现在你可以动手绘制文字型阅读思维导图了。

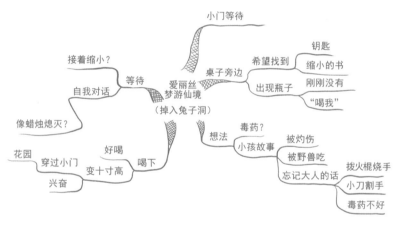

文字型阅读思维导图：爱丽丝梦游仙境（掉入兔子洞）

【3】图解型阅读思维导图：图解化加强记忆

将故事画成图解型阅读思维导图，可以提升想象能力。例如，用问号代表疑问，"毒药"用画一个带头骨标签的瓶子表示，用简笔画女孩和旁边的点来表示和女孩有关的故事，关键词用动作来表达。

图解型阅读思维导图：爱丽丝梦游仙境（掉入兔子洞）

不要小瞧这个过程。在将文字转换成图片的过程中，你的阅读理解能力会得到很大的提升。尤其是过一段时间，你看到图解型阅读思维导图仍然能够进行复述时，你的记忆能力就展现出来了。

寓言式／隐喻式文章三步阅读法

【1】阅读文章

生命之水

有三个人在寻找生命之水，希望喝到生命之水，可以让自己长生不老。

第一个人是武士。他认为，生命之水应该具有非常强大的能量——可能是洪流或者湍流——于是，他身穿盔甲，手持武器，前往寻找生命之水。他非常相信自己可以迫使生命之水向他屈服。

第二个人是女巫。在这位女巫的眼中，生命之水应该具有强大的魔力——也许是一个漩涡、一个喷泉，她必须使用魔咒才能得到它——于是，她穿上祖传的、布满星星图案的魔法长袍前往寻找，希望可以依靠她的魔法与智慧骗取生命之水。

第三个人是商人。他的想法更有意思。他认为生命之水一定是特别昂贵的——也许是珍珠、钻石散落的喷泉——于是，商人在他的衣服和钱包里面塞满了钱。他希望可以用金钱买到生命之水。

当三个人经过了长长的旅途后，他们都知道自己大错特错了。

生命之水不是洪流，武士不能靠暴力取得它。

生命之水不是漩涡，女巫不能对它施行魔法。

生命之水也不是珍珠、钻石散落的喷泉，商人不能用金钱购买。

它只是一池冒着泡泡的小泉水。它完全免费——不过，你需要蹲下身来，跪着取水才能够喝到它。

让人十分纠结的是：

武士盔甲加身，根本没有办法弯下身来。

女巫的魔法长袍，不能沾染尘土，万一弄脏了，那么她的魔法将消失殆尽。

商人的身上装满了各种各样的钱币、珠宝。他只要稍微地弯腰，那么钱币就会滚出来，落到角落的缝隙里。

聪明的你，试着给他们想一个办法，怎样做才能让他们顺利地喝到生命之水？

武士脱掉盔甲。

女巫脱掉魔法长袍。

商人脱掉塞满钱币、珠宝的衣服。

将身上的负重卸掉，他们每一个人——赤裸着身子——都可以跪下来取水，喝到生命之水，享受它的凉爽、甜美，以及令人惊奇的恩赐。

【2】抓重点：文字化

寓言先讲了生命之水的用途。接着讲了武士、女巫、商人三个人对于生命之水不同的猜想和做法。随后，三个人都找到了生命之水，但是因不同的原因而喝不到。寓言最终说出了三人喝水的解决办法。

寓言的叙事方式是按照时间的先后顺序进行讲述。如果画成七条主脉，那么思维导图就缺少了深度和层次，不能看出你的思考是什么。可以采用合并的方式，将武士的信息合并到一条主脉上，再依据时间顺序，依次呈现，这样是否更好一点？

接下来，看一下小伙伴的思维导图，你是否能看懂？找一张纸，绘制属于你的文字化思维导图吧。

【3】图解化加强记忆

寓言用结构相近的句子，来描写三个人物。运用表格对比分析法，可以帮助你通过对比，发现三个人物的相同点和不同点。

项目	武士	女巫	商人
对生命之水的猜想	洪流或者是湍流	漩涡或喷泉	珍珠或钻石装饰的喷泉
工具	盔甲和武器	咒语和魔法长袍	金币和珠宝
做法	用武力让它屈服	用机智骗取	用钱买
困扰	没有办法弯下身来	不能弄脏魔法袍	弯身的时候金币会掉落
解决方法	卸下身上的负重，赤裸身体，下跪屈身取水喝水		
寓意（启示）	谦卑可以让人获得更多		

现在，看着表格回忆故事，是不是非常有趣呢？

在阅读时，用表格对比分析法很容易帮助你理清文章脉络，找到文章特点，更好地绘制出思维导图，让思维能力得到更大的提升。

下面是小伙伴的图解式思维导图，看了后你是否能回忆起寓言故事的内容？

如果可以，那么恭喜你，又学习了一种新的方法。现在，拿出一张纸，动手绘制一张属于你的图解式思维导图吧！

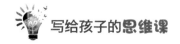写给孩子的**思维课**

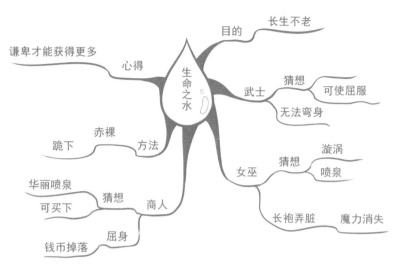

图解式思维导图——生命之水

第4课　民俗谚语中的思维秘籍

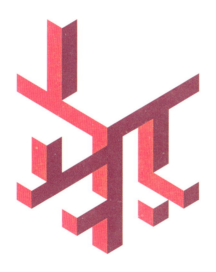

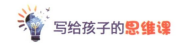

民俗谚语是劳动人民智慧的结晶。它用寥寥几个字，来表达含义十分丰富的内容。民俗谚语所承载的内容，是劳动人民对生活经验、生产规律等进行的总结和提炼。它不但通俗易懂、饱含哲理，而且能够口口相传。

民俗谚语的特点是短小、有趣、形象，细细品味，很容易从中体会到中文的语言魅力，并且从中学会概括思维、形象思维等多种思维方式。

1. 馒头有数客有数，一个萝卜一个坑

思维故事汇

"馒头有数客有数，一个萝卜一个坑"，是汉族比较有名的谚语之一。"馒头有数客有数"，常用来比喻一人一份大家都一样；"一个萝卜一个坑"，常用来比喻没有多余的。两句连起来就可以发现，它所强调的思维点是一一对应关系：馒头与客人的数量一一对应，萝卜与萝卜坑一一对应。人们发现，在合适的情境下，使用这种对应思维，将会出现意想不到的效果。

换个思维破解难题

——馒头有数客有数，一个萝卜一个坑

从前，一个国王经常给大臣出难题来取乐。大臣如果答对了将会获得一点赏赐，大臣如果答不出来将会受罚甚至被砍头。

一天国王指着宫里的一个池塘问："谁能说出池子里有多少桶水我就赏他珠宝。如果说不出来我就要'赏'你们每人50鞭。"大臣们被这突如其来的问题难住了。

正在大臣们心慌意乱之际，走过来一个放牛的小男孩。他问清了事情的缘由后，说："我愿意去回答国王的问题。"

大臣们把小男孩带到了国王的面前。国王见小男孩又黑又瘦又小，便十分疑惑地问："这个问题答上来有奖，答不上来就要被砍头，你知道吗？"在场的人都替小男孩捏了一把汗。可小男孩却不慌不忙地回答出了国王的问题。

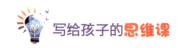

如果你是小男孩，你会怎么回答国王的问题？试试看。

我的回答是：_____

小朋友，你知道他是怎样回答的吗？

他是这样回答的："这要看桶有多大：如果桶和池塘一样大，就是一桶水；如果桶只有池塘的一半大，就是有两桶水；如果桶是池塘的三分之一大，就是三桶水……"

就这样，国王无奈之下只好拿出珠宝奖励小男孩。

故事中国王出的是一道条件不足的问题，在正常的思维模式下是无法找出正确答案的。而运用民俗谚语中"馒头有数客有数，一个萝卜一个坑"的思路，首先确定"馒头的数"，也就是明确桶有多大，然后再思考最后的问题，难题就迎刃而解了。

小男孩正好抓住这一关键，打破了惯性思维模式，对具体问题进行具体分析，先补足条件，再思考答案。这种解决问题的方式，是不是一种很好的借鉴呢？

很多问题看起来很难，如果你只是纠结于问题本身，就很容易进入思维死角。这时你可以仔细分析一下问题的前提条件，换个角度思考，难题就会迎刃而解。

思维训练小妙招：

在学习过程中，当遇到难以解决的问题时，换个角度来思考，就会有不一样的发现。

 思维故事汇

人人都做阿凡提

维吾尔族最有名的聪明人——阿凡提与国王、巴依之间斗智斗勇的故事广为流传。

其中有一个故事发生在阿凡提与国王之间。国王对阿凡

提说：

"听说你很聪明。问你三个问题，如果答得好，有赏；如果答得不好，可是要杀头的。"

"第一个问题：天上的星星有多少？"

"第二个问题：地上的河流有多长？"

"最后一个问题：我的寿命有多长？"

如果你是阿凡提你会怎么回答呢？

 思维训练

试试看，应用"一一对应"思维来回答国王的问题，给出你的答案。你可以将天上的星星和什么的数量做关联？_____

_____

河流长度和谁做关联？_____

国王的寿命呢？_____

当你将它们做出了相应的关联后，实际上就将问题抛给了国王，是不是很有意思的做法呢？

2. 鱼在水中不知水，人在风中不知风

 **思维故事汇**

"鱼在水中不知水，人在风中不知风"，字面意思是鱼生活在水中，不知道水的重要；人生活在风中，不知道风的存在。人们一旦离开了熟悉的环境，面临的将是巨大的损失。其所蕴含的思

维智慧，就在于人们要看到那些容易被忽视的基础要素，远离惯性思维的怪圈。有时候惯性思维会成为我们解决问题的拦路虎。但是只要你走出思维的怪圈，做出一些小的改变，就会有新的收获。

分家产

——鱼在水中不知水，人在风中不知风

很久以前，在黄海边上有一个聪明的孩子，大家都叫他西瓜娃。

西瓜娃家附近有个老地主，背地里大家都喊他老财迷。因为老财迷看见啥都说是自己的。在他的脑子里，就是这样认为的：自己的就是自己的，别人的看见了也是自己的。用一句现在的网络语言来说就是："我的，我的，都是我的。"

这一天，他看到了西瓜娃家刚买的新车，老毛病又犯了，想霸占西瓜娃的新车。

老财迷有一个特点，就是总认为自己是聪明人，所以总用一些奇怪的强盗逻辑，来霸占别人的财产。

他与狗腿子一起来到西瓜娃家。狗腿子站在门外，扯开了公鸭嗓子，大声喊道："西瓜娃，西瓜娃，出来！都说你聪明，今天考考你。帮老爷分财产，分得好，老爷有赏，赏你纹银20两；如果分不好，你家的新车，就给老爷做补偿。"

西瓜娃问："说说看？"

听到西瓜娃接话了，狗腿子可是高兴坏了，赶紧说出问题。

"在亭子附近，停着老爷的 19 辆车，要分给三个小少爷。老爷不偏心，想根据三位少爷平时的表现来做分配。老爷是这样规定的：大少爷分一半；二少爷分四分之一；小少爷分五分之一。车不能劈，不能砍。怎么分？"

 思维训练

这个分家产的故事，看起来就是个简单的数学问题。故事中，老财迷一共要分 19 辆车，给大少爷分一半，可以列出什么算式，很明显，能整除吗？ _____

给二少爷分四分之一，可以列出什么算式，能整除吗？

_____

给小少爷分五分之一，可以列出什么算式，能整除吗？

_____

按照这个算法，很明显这个问题无法解决！那么西瓜娃又是怎样化解难题的呢？

 接着听故事

西瓜娃脑袋一转，眨了眨眼睛，说："这样吧，先把我的那辆车也算上。现在亭子旁边停放了一共 20 辆车。大少爷可以分到一半，也就是 10 辆车；二少爷要分四分之一，也就是分到 5 辆车；小少爷可以分到五分之一，算出来就是 4 辆车。10+5+4=19 辆车，少爷们都按照老爷吩咐，得到了自己的车。最后剩下的这辆车，就是我自己家的。"

看到结果，老财迷郁闷了。当着众乡亲的面，他不想丢面子，只好乖乖地拿出 20 两银子给西瓜娃。

正所谓：财迷欺负老百姓，出题刁难西瓜娃。离水看水知底细，换个思维解难题。

思维小妙招

"鱼在水中不知水，人在风中不知风"，这句谚语的意思是，因为鱼生活在水中，很容易就忽略了水是什么；人一直站在风中，也就说不清楚风是什么。老财迷正是利用惯性思维对人的干扰，出了这道刁钻的数学题。

因为老财迷认为 19 不是 2、4、5 这三个数的倍数，除了将车大卸八块，没有办法得到 19 的一半、四分之一、五分之一，于是他想当然地认为自己会赢，达到占有那辆新车的目的。

但是，西瓜娃跳出了惯性思维的束缚，巧妙地运用数学知识，虚拟地添上一个 1 凑成了 20，而且 20 分别是 2、4、5 的倍数。这样一来，不仅使老财迷的如意算盘失算，还赔了 20 两银子。

在这个故事中，聪明的西瓜娃用他的行动告诉我们：看似有固定答案的数学题，如果换个思维方法，跳出思维怪圈，用填补或去尾等数学假设，就可能会得到完全不一样的答案。另外，也告诉我们对付坏人不能硬拼，要学会用智慧战胜他们。

思维训练小妙招：

遇到貌似无解的问题，不要慌，灵活地利用添减的方法，找到解决问题的最佳方法。

 思维故事汇

阿凡提新传

国王的刁钻问题难不倒聪明的阿凡提。阿凡提用对应思维将问题巧妙地还给了国王。阿凡提这样回答国王：

"天上的星星和我家小毛驴身上的毛一样多。"

"地上的河流和天上的银河一样长。"

"国王陛下您的寿命一定比我多一天。"

国王和大臣们听了，面面相觑，不得不佩服阿凡提的聪明。国王只好赏赐了黄金珠宝给阿凡提。阿凡提将这些珠宝送给了城里的穷人，让他们能吃饱穿暖。

然后阿凡提骑着小毛驴来到了一座新城。城里的巴依老爷听说了，就邀请阿凡提到家里吃饭。

巴依老爷遇到了一个难题，愁得吃不香，睡不着。有人向他推荐了聪明的阿凡提。

原来巴依老爷想从波斯商人那里买一块十分漂亮的玉石。因为巴依老爷的夫人非常喜欢这块玉石，想让巴依老爷把玉石作为生日礼物送给自己。

可是波斯商人提出要求：谁能用线穿过这块玉石上弯弯曲曲

的孔洞，玉石就跟谁有缘，谁就可以买到玉石。如果做不到，给再多的金币，波斯商人也不卖这块玉石。

巴依老爷找了很多人来尝试，用了很多方法，都没能让线穿过玉石。

人们只能把线穿入一小部分，就停止不前了，差别只是距离起点的远近不同。

 思维训练

日常生活中，人们能够想到的将线穿过玉石的方法，都是由人主导的方法，比如用针引线、用线直接穿等，但是用这些方法把线穿入玉石都失败了。

想想看，如果使用添减的思维，在哪个环节上做添加或者做删减？ _____

选择什么做添加或者删减？ _____

将谁的力量添加进来，可以解决这个难题？ _____

3. 水落现石头，日久见人心

 思维故事汇

"水落现石头，日久见人心"，字面意思是指，总要等到时间久了，才好认清周围人的本性，才能知道他是善是恶，是亲是疏，是远是近；总要等到时间久了，才能更好地发现事物的本来

面目。这句谚语，常被老人用来提醒年轻人，与人相处，一定不要着急下结论。既不能因为他做了一点好事，就认为他是好人；也不能因为他说了难听的话，就认定他是坏人。与人相处久了，才好做出准确的判断。这句谚语提醒我们，对一个人、一件事做判断，不能用简单的一次"因果关系"，就做出判断。需要多相处、多分析，才能得到思维的助力，远离伤害，走得长远。

瘸腿狐狸
——水落现石头，日久见人心

瘸腿狐狸偷吃了农夫的小鸡崽。作为惩罚，大家决定要打他6下。

憨小熊朝手上吐了口唾沫，瓮声瓮气地说："我的力气大。这次惩罚就由我来执行！"

憨小熊抡圆了胳臂。"砰""砰""砰""砰""砰"，憨小熊一点也没有节省力气。他用足了力气朝狐狸猛揍了5拳，只见狐狸"扑通"一声倒在了地上。

憨小熊没有犹豫，最后一拳直接将狐狸打到了旁边的树上。

狐狸挂在树枝上，过了半天，才缓过气来。

住在树上的小松鼠正在抓耳挠腮地思考。只见小松鼠左手拿纸，右手拿笔，在大树的枝杈间跳来跳去，嘴里嘀咕着："哎呀，太难了，太难了，这可怎么做呀！……"

"哎呀，什么这么软？"

"天啊，狐狸怎么会死在树上呢？"

　　小松鼠突然停下来，低头端详后，被挂在树上的狐狸吓了一跳。

　　狐狸已经被憨小熊把腿给打瘸了。只见他半睁着狐狸眼，有气无力地说："你才死了哪！"

　　"是活的？"刚刚安静下来的小松鼠又是心慌不已。

　　瘸腿狐狸小声问道："你遇到难题了？我能帮忙吗？"

　　小松鼠说："你都受伤了，还愿意帮我解决问题，真是好狐狸！"

　　"以后我也要向你学习……"

　　天真的小松鼠没有看到瘸腿狐狸嘴边那若有若无的笑意。

小松鼠自顾自地说道："我需要弄清楚三棵古树的年龄。现在的线索是三棵古树的年龄分别由1、2、3、4、5、6、7、8、9中不同的三个数字组成。其中一棵树的年龄正好是其他两棵树年龄和的一半。这三棵古树各多少岁？"

瘸腿狐狸说："这题很容易。"

"我帮你做出来。作为回报，你也要帮我一个忙。这是我的条件。"

"你这么聪明，我能帮你的忙，是我的荣幸。"小松鼠连想都没想就满口答应了。

狐狸说："你先用这9个数字中最小的3个数1、2、3组成一个三位数123，再用最大的3个数字组成一个三位数789，然后算一算就知道123+789=912，恰好是456的两倍。也就是说456正好是123与789的和的一半。"

小松鼠高兴地说："这三棵古树年龄分别是123岁、456岁、789岁。古树真是名不虚传啊。我一定要告诉小伙伴们，好好保护这些古树。"

瘸腿狐狸说："我已经帮你把题算出来了，你把我拉起来吧！"

 思维训练

在这个数学小故事中，你发现了哪些数字？ _____

有哪些算术式？ _____

你会计算这三棵古树的年龄吗？ _____

这道题的算理最关键的就是：九个连续自然数中间三个数的和，是前面三个数和后面三个数的和的一半。

接着听故事

小松鼠"吱吱"叫了几声，然后不知从什么地方钻出来好几只小松鼠。大家喊着号子，连拖带拽，把瘸腿狐狸拉了起来。那些帮忙的小松鼠一转眼又都不见了。

瘸腿狐狸对小松鼠说："我想吃点东西，我可不吃素食。"

小松鼠问："你想吃什么？"

瘸腿狐狸说："鸡、鼠共有49只，一共100条腿往前走。请你想一想，多少只鸡？多少只鼠？鸡，我是不敢吃了，只好吃鼠啦。"

小松鼠问："要吃几只鼠？"

"算算嘛！"狐狸列了个算式：鼠数量＝（$100-49×2$）÷$2=1$(只)。

小松鼠惊讶地问："这1只鼠是不是我呀？"

"就是你，小松鼠！"瘸腿狐狸张嘴扑上前去。

天真的小松鼠到死也没有想到，看起来热心助人的瘸腿狐狸，最后竟然要了自己的命。

这真是应了那句老话："水落现石头，日久见人心！"

思维小妙招

故事中出现了一个算术式，你发现了吗？写下来：＿＿＿＿＿＿

瘸腿狐狸代表的是生活中伪装的坏人。他们可能十分可怜，看起来和善，但是一旦他们露出丑恶的嘴脸，情况就变得相当危险。

他们的可怕之处在于，他们善于利用人们的思维怪圈，来达到自己的目的。善良的人通常会陷入的思维怪圈，是只记得"受人之恩，要涌泉相报"，却忘记了"水落现石头，日久见人心"的古训。将认识的人都划为好人，想当然地认为好人永远做好事。走出类似的思维怪圈，是十分必要的。

当你还不具备识人心的本领时，对于别人提出的条件、请求或者求助，一定要多思考。保证生命安全，是最重要的。

当然，不做超出自己能力的事情，不提供超出自己能力的帮助，这些是天真的小松鼠带给我们的教训。

思维训练小妙招：

当我们遇到困难，需要向人求助时，在心怀感恩的同时，很多人会不自觉地受惯性思维的影响，答应对方一些不合常理的要求，以致让自己陷入两难境地。记住：感恩和原则，永远是两件事情。我们可以心怀感恩，但是也要保有底线。

4.松柏长得再好，离开了土地，只能做烧柴

思维故事汇

　　蒙古族是我国的少数民族之一。他们长期在草原生活，积累了很多的民俗谚语。"松柏长得再好，离开了土地，只能做烧柴"，就是其中非常有趣的一句谚语。松柏的生长环境相对恶劣，在悬崖峭壁或寒风凛冽中，它们仍旧能够存活下来。于是大家对这种植物充满了敬畏。人们运用关联思维进行对照，于是松柏常被比作勇士。烧柴指的是烧火做饭的柴火，一阵烟火之后只剩灰烬。这个谚语想要表达的意思是，生命的本质，在于不轻易放弃；只要坚守，就能活出属于自己的精彩。

鲨鱼与鱼

——松柏长得再好，离开了土地，只能做烧柴

　　曾有人做过实验，将一只凶猛的鲨鱼和一群热带鱼放在同一个池子里，然后用强化玻璃将鲨鱼和热带鱼隔开。最初鲨鱼每天不断地冲撞那块看不到的玻璃，无奈这只是徒劳，它始终不能游过去吃掉热带鱼。实验人员每天都放一些鲫鱼在鲨鱼这边的池子里，所以鲨鱼也不缺少猎物。只是鲨鱼仍想到对面去品尝一下那些美丽的热带鱼的滋味。鲨鱼每天仍是不断地冲撞那块玻璃。它试了每个角落，每次都是用尽全力，但每次都弄得伤痕累累。可是每当玻璃一出现裂痕，实验人员马上就换上一块更厚的玻璃。

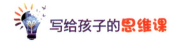
后来鲨鱼不再冲撞那块玻璃了，对那些色彩斑斓的热带鱼也不再在意，好像它们只是墙上会动的壁画。鲨鱼开始等着每天固定会出现的鲫鱼，然后用它敏捷的本能进行狩猎，好像回到海中恢复了不可一世的凶狠霸气。但这一切只不过是假象罢了。后来实验人员将玻璃取走，鲨鱼却没有任何反应，每天仍是在以前被隔离的固定区域游着。它对那些热带鱼视若无睹，甚至当那些鲫鱼逃到那边去时，它就立刻放弃追逐，说什么也不愿过去。实验结束了，实验人员讥笑它是海里最懦弱的鱼。只有鲨鱼自己知道为什么，因为它怕痛。

 思维训练

如果你是实验人员，你会怎么看待鲨鱼的这种情况？为什么鲨鱼会对嘴边的鱼视而不见？我的想法：＿＿＿＿＿＿＿＿＿＿＿＿

如果你是实验人员，后续你想怎么做？

＿＿＿＿＿＿＿＿＿＿＿＿＿＿＿＿＿＿＿＿＿＿＿＿＿＿

接着听故事

在经过长时间的实验后，鲨鱼停滞不前，不再对越界的热带鱼和鲫鱼产生任何的反应。于是实验人员对鲨鱼重新进行驯化。他们用强化玻璃将池子隔开，将热带鱼和鲫鱼一起放进鲨鱼的池子。这样鲨鱼在吃鲫鱼时也尝到了热带鱼的美味。虽然鲨鱼会因为捕猎偶尔撞到强化玻璃，但是对于近在咫尺的热带鱼有了动物最本能的反应——吃。经历一周的训练后，实验人员把隔板拿开，热带鱼立刻游到了远离鲨鱼的一侧。鲨鱼试探着去追逐热带鱼。尝试几次后，鲨鱼逐渐开始尝试着越过以前的界限，在整个池子里自由驰骋，不久又恢复了海洋霸主该有的样子。

 **思维小妙招**

你在这个故事中发现了什么？_____

人类和动物的思维是一样的。当我们在一件事情上傻瓜似的反复碰壁时，思维的保护机制就会启动大脑的预警机制，在靠近某一思维模式时向我们发出危险信号，这就叫思维定式。

鲨鱼在长久的碰壁过程中，对于透明的强化玻璃有了一定的思维定式，于是远离中间区域。后来为什么又敢于靠近了呢？那是因为它所处的环境发生了一些变化。当热带鱼所处位置发生改变时，鲨鱼也相应地调整了思维模式，所以才有了重新巡游整个池子的结局。

这就像谚语中讲到的，一棵柏树长得再好，如果离开了土壤，就只能当烧柴。而故事中的鲨鱼即便本领再强，离开了广阔的天地，只能被困在池子的一角。

再拓展思维去想，如果鲨鱼不是身处池子，而是回到更广阔的大海，又会是怎样的雄姿呢？这个故事告诉我们，每个人只有找到了更广阔的天地，才能实现最大的价值。如果你是小学生，获得的知识只是关于生活的基本常识；如果你是初中生，获得的

知识只是基础常识的升级版；如果你成为高中生，你研究的将是更接近科技顶端的微积分等知识；如果你成为大学生，你将获得改变生活的知识训练和经验传授；如果你成为硕士或者博士，那么恭喜你，你的研究或许将改变全人类的命运。

所以，只有找到适合自己的土壤，才能最终实现自己的价值。加油吧，同学们！

思维训练小妙招：

当遇到生活中无法跨越的障碍时，不要一味地横冲直撞，可以先慢下来，仔细思考，等待时机和情形的改变，然后选择正确的方法解决问题。

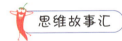

思维故事汇

阿凡提来到了达坂城

聪明的阿凡提找到一只蚂蚁，将一根细线拴在蚂蚁腿上，然后将蚂蚁放在玉石的入口，又在出口摆放了蚂蚁喜欢吃的蜂蜜。

善于钻洞的蚂蚁毫不费力地穿过弯弯曲曲的孔洞，很快就找到了蜂蜜。细线也被蚂蚁带着穿过了玉石。

巴依老爷如愿以偿，买到了心仪的玉石。他对阿凡提充满了感激。阿凡提的名声因此更大了。

离开了巴依老爷家，阿凡提来到了达坂城。达坂城是一个很繁华的都城，集市上的商品琳琅满目。阿凡提正在悠闲地欣赏街景，听到前面传来了很大的吵闹声。

"这是我的孩子，我是孩子的妈妈……"

"是你将我的孩子偷走了。我买菜时，一转身的工夫，孩子就被你偷走了……"

原来两位年轻母亲正在争夺一个吃奶的孩子。她们都说孩子是自己的，谁也不肯退让。

周围的人也是你一言我一语地争论着，谁也不知道谁有道理。

"给孩子喂奶，孩子吃谁的奶，谁就是妈妈。"

有人出了一个主意，大家都感觉有道理。

于是一个女人开始给孩子喂奶。

"快看，孩子吃奶了。这就是孩子的妈妈！"

另外一个女人着急了，也给孩子喂奶。

孩子饿了，哪管是不是妈妈的奶，只要有得吃就好。

所以两边他都吃得很香。

大家想了很多主意，都没有效果。正当束手无策的时候，大家看到了阿凡提，于是赶紧向阿凡提请教。

阿凡提一边将着山羊胡子，一边慢慢悠悠地说："谁能抢到手里，就是谁的孩子。"

话音刚落，两个女人都动手了。

一个女人拉着孩子的一腿，另一个女人拉着孩子的胳膊。吃奶的孩子被两个人拉得很痛，哇哇大哭。

其中一个女人很快松手了。另一个女人没有松手，还紧紧地抱着孩子。

思维训练

聪明的你想一想，松手的妈妈和紧紧地抱着孩子的妈妈，究竟谁是孩子的妈妈？说说你的理由：＿＿＿＿＿＿＿＿＿＿＿＿＿＿

接着听故事

阿凡提见有人松开了拉孩子的手。

只见那位怀里抱着孩子的妈妈满心欢喜，为自己的胜利而庆幸。

"松手的这位，你不是孩子的妈妈吗？你怎么松开孩子呢？你是骗子，你不是孩子的妈妈。"旁边的人说道。

抢到孩子的妈妈非常开心地说："你看，我说的才是真话。孩子是我的，我是孩子的妈妈！"

松手的妈妈神色黯然，哭着说："你才是骗子！那就是我的孩子，我才是孩子的妈妈。"

旁人问道："既然这是你的孩子，你为什么还要松手？"松手的妈妈刚要开口说话，阿凡提看着抱孩子的女人说道："你不是孩子的妈妈，松手的才是。"众人都很惊讶。阿凡提接着说："松手的妈妈看到孩子被拉扯得疼痛难忍，哇哇大哭，她正是因为不忍心让孩子哭，才松开了孩子。而你只是为了抢孩子，并不是真的爱孩子。"

众人听了，恍然大悟。抱着孩子的女人哑口无言，不敢抬头。松手的女人赶紧过去，抱过自己的孩子。她看到孩子没有事，欣慰地笑了。另一个女人在众人的指责下灰溜溜地逃走了。

 思维训练

除了抢孩子的办法，还有其他鉴别母子关系的方法吗？写下你的办法：＿＿＿＿＿＿＿＿＿＿＿＿＿＿＿＿

5. 手越用越巧，脑越用越灵

 **思维故事汇**

"手越用越巧，脑越用越灵"，意思是，手越用越灵巧，大脑越用越灵敏，就像机器一样，经常使用才不会退化，越用越灵活。这启示我们，在日常生活中遇到难题时，要多动脑、勤思考，这样就一定能找到解决问题的好办法。

多动脑筋攻破难题

——手越用越巧，脑越用越灵

科学是什么？

有人说，科学就是人类对自然界的观察和探索。这话没错，但未免过于笼统。早在文明的摇篮时期，人类就已经开始观察自己生存的环境，探索可以利用的植物、矿物和流体。那时人们已

经掌握了很多方法，知道如何进行农业生产、城市建设和器具制造，但是我们难以把这些活动和科学研究关联在一起。

在遥远的古代，在人类文明最初孕育时，科学和人类之间仍然隔着一扇大门，等待智者的开启。而泰勒斯就是这样一位智者。

泰勒斯原本是一位精明的古希腊商人。他在积累了足够的财富后，便开始了自己真正想要的生活——四处旅行。泰勒斯的旅行不是一般意义上的游山玩水，吃吃喝喝。他似乎总是关心一些常人不在意的事情。路边有工匠在盖房子，田地里有农人劳作，异国的居民在使用没有见过的工具……泰勒斯都会驻足观看，并上去攀谈、询问。

相传在埃及游历时，泰勒斯参加了埃及王公贵族的宴会。

反映古埃及贵族宴饮的壁画

"我们埃及人也知道您非常有钱。"一位埃及贵族和泰勒斯聊了起来，"那么您来我们这儿，是为了做生意吗？"

"目前还没有这方面的计划。"泰勒斯很有礼貌地回答道，"贵国是个好地方，我想先四处逛逛。"

"有意思……您除了做生意以外，还做别的事吗？还是就像您说的，只是四处逛逛？"

"我还是个思想者，我喜欢思考我看到的一切东西。"

"您可把我说糊涂了，那有什么用呢？"

"看上去好像没有什么用。"泰勒斯一笑，"但是实际上，我认为它的用处最大。思考可以让一个人知道很多别人不知道的事情。"

"这么说您挺聪明？"这位贵族似乎很喜欢捉弄人，"那么如果您不介意，我可以考考您吗？"

"您可以问问题，我不能保证马上说出答案，但是我可以告诉您解答问题的方法。"

事情越来越有趣了，其他人也安静下来，饶有兴致地听着。连法老也注意到了两人的对话。

"那好，请问阁下，我们埃及人的金字塔有多高呢？"

这个问题可真够难的。很多宾客当即认定泰勒斯要下不来台了。一来泰勒斯是一个外国人，那年月又不能上网查资料，他对金字塔能有多少了解呢？二来金字塔不是直上直下的建筑，它不仅高大，还有四个斜坡，这样的一个建筑要如何才能测出高

度呢？

 思维训练

如果你是泰勒斯，你会怎么回答这位埃及贵族的问题？试试看。

我的回答是：＿＿＿＿＿＿＿＿＿＿＿＿＿＿＿＿＿＿＿

 接着听故事

泰勒斯的脸上却丝毫不见慌张的神色。他依然保持着彬彬有礼的微笑："我可以测出金字塔的高度，半日之内就可以做到。"

大家面面相觑，都不敢相信自己的耳朵！

"那么您能演示给我们看吗？"法老居然发话了。

"没有问题。"

艳阳高悬，泰勒斯来到了金字塔下。法老移驾观看。只见泰勒斯竟指挥随从丈量起了金字塔的影子——这叫什么丈量方法！

泰勒斯将一根木棍插在地上，并与水平线垂直。他解释道："尊敬的法老，请看这根棍子。金字塔有影子，棍子也有影子。在某一个特定的时间，一件东西的高度和它的影子长度之间存在一种关系，这是一种不变的规律。也就是说，现在如果我们知道这根棍子的高度，又知道棍子的影子有多长，就可以对这种神奇的关系有所了解。了解了这种关系，我们只需要知道金字塔的影子有多长，就可以知道金字塔有多高。"

说完泰勒斯测量了木棍露出地面的高度以及木棍的影子长度。此时随从报上了金字塔影子的长度。经过一番简单的计算后，泰勒斯准确地报出了金字塔的高度。

"太神奇了！"法老拍案叫绝。

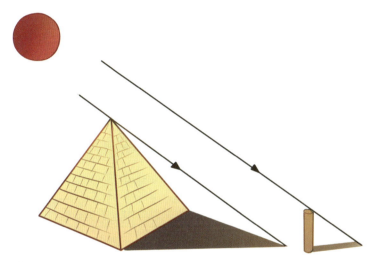

思维小妙招

法老所不知道的是这个方法并不是泰勒斯独创的，埃及工匠已经使用了类似的方法。然而泰勒斯仍然为此自豪，甚至敢自称是他教会了埃及人如何巧妙地测量金字塔高度。这是因为埃及工匠仅仅满足于使用这个方法，却没有总结背后的道理。泰勒斯则看出这个方法蕴藏着几何定理——以金字塔的垂直高度为一条边，以金字塔的影子为另一条边，可以画出一个大三角形；以小木棍为一条边，以小木棍的影子为另一条边，可以画出一个和大

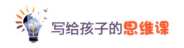
三角形相似的小三角形；而相似三角形的对应边是成比例的。

事实上泰勒斯四处云游、思考的意义，就在于他可以在云游中收集各民族已经知晓的零星知识，然后再通过思考，把这些知识总结成定理和体系，探究现象背后的科学本质。当人类对自然界的观察和探索不再局限于零散而具体的知识时，当真正有人关心那些无影无踪却无处不在的自然规律时，真正的科学活动便诞生了。就这样泰勒斯为我们开启了科学之门。

思维训练小妙招：

在学习过程中，当遇到难以解决的问题时，多动脑思考，就会有不一样的发现。

 **思维故事汇**

阿凡提巧测面积

这一天阿凡提缠着朋友教他学游泳。忙碌不堪的朋友拗不过他的纠缠，就提出了这样的要求："给你一把20厘米长的尺子，在5分钟内计算出客厅的地面面积。如果你能办到，我就教你学游泳。""哼！这不是刁难人吗？"阿凡提大声地抗议。朋友笑着说："哈哈，测不出来，就不带你去游泳。"

为了学游泳，阿凡提认了。可是用那把小尺子一点点地测量客厅，而且要在5分钟内测出面积，真的好难！朋友在一边幸灾乐祸地说："阿凡提，5分钟可是很快就要到了。"

阿凡提心里真是又气又急，这一急可真急出办法了！

 思维训练

如果你是阿凡提，会怎么回答这位朋友的问题？试试看。

我的回答是：＿＿＿＿＿＿＿＿＿＿＿＿＿＿＿＿＿＿＿＿＿

 接着听故事

阿凡提用步测的方法去测量客厅。阿凡提沿着客厅的长边来回走了三次，分别走了8步、10步、9步。这样平均一下客厅的长度就是9步。他用同样的方法测出宽度是7步，然后再用尺子测量自己一步的长度，测了三次，求出平均值为60厘米。这样就可以算出：

客厅的长度 =9 步 ×60 厘米 =540 厘米 =5.4 米；

客厅的宽度 =7 步 ×60 厘米 =420 厘米 =4.2 米；

客厅的面积 =5.4 米 ×4.2 米 =22.68 平方米。

阿凡提把自己的思考过程和结果告诉了朋友。朋友很吃惊地看着他说："阿凡提，你真行！客厅的面积是 24 平方米，你算得基本正确。最主要的是你能想出这样的方法，真是了不起！"

思维训练

除了阿凡提用脚步丈量客厅面积的方法，你还有其他方法吗？写在下面：＿＿＿＿＿＿＿＿＿＿＿＿＿＿＿＿＿＿＿＿＿

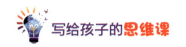

6. 一把钥匙开一把锁，见个雀打个弹

 思维故事汇

"一把钥匙开一把锁，见个雀打个弹"，这句话应该这样解释：锁就像是一个问题，钥匙就是一个答案。这个世界上有这个问题，就一定会有这个问题的答案。一把钥匙开一把锁，指的是具体问题具体分析，针对不同问题的情景，要从不同的角度看待问题，找到问题的规律，进而正确地解决问题。

数学天才高斯

——一把钥匙开一把锁，见个雀打个弹

高斯是19世纪德国杰出的数学家和物理、天文学家。有一天高斯的父亲正在结算几个工人的工资。他算了半天，累得满头是汗。"唉，终于算出来了。"父亲站起身子，伸了伸懒腰说。"爸爸您算得不对！"站在一边的小高斯低声地说，"总数应该是……""你怎么知道的？"父亲不以为然地问道。"我是心里算出来的呀！"高斯天真地说，"不信您再算一遍。"父亲又仔细核算了一遍，发现果真算错了，而且儿子说的总数是对的。他又惊又喜，兴奋地说："聪明的孩子，过几天爸爸就送你上学。"

高斯念小学的时候，有一次老师教完加法后想休息一下，便出了一道题目要同学们计算。题目是：1+2+3+…+97+98+99+100=？老师心想，这下小朋友们一定要算到下课了！老师正要借口出去，却被高斯叫住了。原来高斯已经算出来了。小朋友，你知道他是如何算的吗？

思维训练

如果你是高斯，你会怎么做这道题？试试看。

我的回答是：_____

_____

接着听故事

高斯告诉大家，他是如何算出的：把 1 加至 100 与 100 加至 1，排成两排，相加，也就是说：

1+2+3+4+…+96+97+98+99+100

100+99+98+97+96+…+4+3+2+1

101+101+101+…+101+101+101+101

共有 100 个 101 相加，但算式重复了两次，所以把 $101×100÷2$ 便得到了答案 5050。

从此高斯小学的数学学习超越了其他同学，也因此奠定了他以后的数学基础，后来他成为著名的数学家！

思维小妙招

试试看，应用发散思维来回答老师的问题，给出你的答案。你知道 1+2+3+4+…+96+97+98+99+100 按照常规思维计算需要很长时间。我们从整体出发，转换思维，将 1+2+3+4+···+96+97+98+99+100 倒着再写一遍，然后对应上下两个数字相加的和均为 101，从而发现此规律，总共有 100 个 101 相加，这样加的和再除以 2，问题就能够迎刃而解。

思维训练小妙招：

　　故事中老师出的是一道相对很难的题，用常规思维是很难很快就计算出来的。我们应该打破惯性思维，具体问题具体分析。不要纠结于问题本身，应该从不同的角度分析问题，找到问题的切入点，问题就能不攻自破，迎刃而解。

人人都做阿凡提

　　阿凡提做数学报上的走迷宫，遇到了一道难题。阿凡提向老师请教："这道题怎么算呀？"阿凡提急得直挠头。老师看了看题目，笑着说："做题目时要先仔细看题，这是找规律类型的。这道题有规律，你仔细看看，就知道了。"

1	2
3	7

4	5
6	34

7	8
9	?

　　如果你是阿凡提，你会怎么回答呢？＿＿＿＿＿＿＿＿＿＿

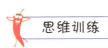

同学们看方格里的数字，发现 2×3=6、6+1=7；6×5=30、30+4=34；按照这种规律来算，那么方框里"？"是多少呢？这样做是不是就找到规律了呢？找规律是很有意思的。我们通过仔细观察，就能找到"柳暗花明又一村"的感觉。在遇到困难时我们要及时转换思维，不要陷入思维的固定模式。这样也许更容易找到解决问题的好办法。

7. 吃饭先尝一尝，做事先想一想

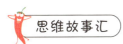

古人云："吃饭先尝一尝，做事先想一想。"这句话的意思是，我们吃饭时只有尝一尝，才知道味道合不合自己口味，咸淡如何；做事情时只有想一想，才能明白是不是该做，要如何做。这句谚语主要告诫我们，做事不要过于冲动，遇到问题时要看全面，认真思考，坚持寻找问题的答案，而不是畏惧、退缩。只有这样我们才能变得更优秀！

小熊卖鱼遇难题

——吃饭先尝一尝，做事先想一想

小熊妈妈生病了。为了给妈妈治病，小熊每天天不亮就下河捕鱼，然后赶早市去卖鱼。

一天小熊刚摆好鱼摊，狐狸、黑狗和老狼就来了。小熊见有顾客光临，急忙招呼："买鱼吗？这鱼是刚捕来的，很新鲜呢！"狐狸边翻着鱼，边问道："这么新鲜的鱼，多少钱1千克？"小熊满脸堆笑道："便宜了，4元1千克。"老狼摇摇头："我老了，牙齿不行了，我只想买点鱼身。"小熊面露难色："我把鱼身卖给你，鱼头、鱼尾卖给谁呢？"狐狸甩甩尾巴道："是呀，这剩下的谁也不愿意买。不过狼大叔牙不好，也只能吃点鱼肉。这样吧，我和黑狗牙好，咱俩一个买鱼头一个买鱼尾，不就既帮了狼大叔又帮了你熊老弟吗？"小熊一听直拍手，但仍有点迟疑："好倒好，可价钱怎么定？"狐狸眼珠一转答道："鱼身2元1千克，鱼头、鱼尾各1元1千克，不正好是4元1千克吗？"小熊在地上用小棍儿画了画，然后一拍大腿道："好，就这么办！"四人一齐动手，不一会儿就把鱼头、鱼尾、鱼身分好了。小熊一过秤，鱼身35千克，70元；鱼头15千克，15元；鱼尾10千克，10元。老狼、狐狸和黑狗提着鱼飞快地跑到林子里，把鱼头、鱼身、鱼尾配好，重新平分了。

小熊在回家的路上边走边想：60千克的鱼，按4元1千克卖，应该卖240元，怎么只卖了95元？小熊怎么也理不出头绪来。

思维训练

如果你是小熊，你知道这是怎么回事吗？试试看。

我的回答是：＿＿＿＿＿＿＿＿＿＿＿＿＿＿＿＿＿＿＿＿＿

 接着听故事

　　小熊回家把这件事告诉妈妈，妈妈微笑着说："傻孩子，因为 60 千克鱼按 4 元 1 千克来算，身 35 千克，可卖 140 元；头 15 千克，可卖 60 元；尾 10 千克，可卖 40 元。"说着将"35×4+15×4+10×4=240（元）"写在了纸上。这样一共是 240 元。"而如果按鱼身 35 千克 70 元，鱼头 15 千克 15 元，鱼尾 10 千克 10 元来算，算式是这样的：35×2+15×1+10×1=95。"小熊恍然大悟。妈妈说："乖孩子，你已经很棒啦。你是懂事的孩子，妈妈很爱你。"

 思维小妙招

　　小熊卖鱼的这个故事让我们知道，要全面地看问题，不能只看问题的表面。运用民俗谚语"吃饭先尝一尝，做事先想一想"告诉我们的思维方式，仔细想一想，小熊的鱼如果按每千克 4 元卖，60 千克鱼是多少钱？如果按照鱼头每千克 1 元、鱼身每千克 2 元、鱼尾每千克 1 元卖，60 千克鱼是多少钱？把问题考虑全

面，才可以付诸行动。只有这样我们才可以正确地解决问题。

小朋友读了小熊卖鱼的故事，是不是学会了"只有仔细考虑问题，才有可能正确解决问题"的道理呢？

思维训练小妙招：

在解决问题的过程中，只有仔细、全面地考虑问题、分析问题，才有可能找到正确解决问题的方法。

 思维训练

人人都做阿凡提

有一天阿凡提和两个朋友去买花。1支花20元，阿凡提要买60支花。于是阿凡提问两个朋友："我们要买60支花，20元1支，一共要多少元？"第一个朋友说："20元 ×60支 =1200元，所以要花1200元！"第二个朋友说："不对！是2个10乘6个10等于12个100，就是1200元！"他们两个争论起来。

小朋友，你知道到底谁说得对吗？

阿凡提和两个朋友来到商场，发现有4个人抢购20台钢琴，都想自己全部买下，争得不亦乐乎。阿凡提走过去说："你们可以分一分啊。"卖钢琴的阿姨说："对呀，我怎么没想到。"有人问："我们怎样分呢？"

小朋友，你知道怎么分吗？

　　在实践中，我们要运用灵活的思路，全面地把握问题，通过问题中已经给出的条件去解决问题。

　　阿凡提的两个朋友到底谁说得对呢？_____

　　阿凡提说，其实他们的思路都是对的，只不过说法不一样。

　　关于第二个问题，怎样分钢琴呢？_____

　　阿凡提笑着说："用20除以4等于5。所以他们每人都能分到5台钢琴。"每个人都非常开心。

8. 逆水行舟，不进则退

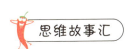

　　"逆水行舟，不进则退"出自清末梁启超的《莅山西票商欢迎会学说词》："夫旧而能守，斯亦已矣！然鄙人以为，人之处于世也，如逆水行舟，不进则退。"它的原意是船逆水前进。这句话常用来比喻学习或做事一定要克服困难努力向前。无论是在学习上还是在生活中，我们都会遇到很多困难，但要想到达成功的彼岸，我们一定要经得住诱惑，必须经过艰苦的奋斗和坚持不懈的努力。

运动会

——逆水行舟，不进则退

一年一度的森林动物运动会又到了。这次参加运动会的动物有很多，而且比赛项目也很多，每个动物都可以参加好几个比赛项目。但是参加长跑的动物最少，只有蚂蚁和毛毛虫。他们的实力相当。运动会来了好多观众。人们纷纷为长跑运动员加油呐喊。

今天蚂蚁和毛毛虫参加的是 60 米的长跑比赛。按照平时训练的速度，蚂蚁每分钟跑 4 米，毛毛虫每分钟跑 6 米。有趣的是观众都在猜测这场比赛谁会赢。于是人们都下了赌注。有的观众认为蚂蚁能赢，有的观众认为毛毛虫能赢，但认为毛毛虫能赢的观众略多一些。为什么支持毛毛虫能赢的观众略多一些呢？因为从平时的训练速度来看，毛毛虫的速度更快一点。

 思维训练

你认为谁会在长跑比赛中取得胜利呢？写出答案，并说明理由。

我的回答是：_____

_____

 接着听故事

在离终点还有 24 米的时候，意想不到的事情发生了。蚂蚁

突然被小石子绊了一下，腿部受了轻伤。就在这时毛毛虫已经领先了。蚂蚁心想："第一肯定不是我的了。"于是趴在地上哇哇大哭起来。旁边的观众也为蚂蚁捏了一把汗。此刻蚂蚁心里总想着第一不是自己的了，再努力也没有用。但是奇迹发生了。过了一分钟，蚂蚁忍着疼痛又继续向前跑了，并且速度在不停地加快。为什么蚂蚁会转变这么快呢？原来蚂蚁认为自己能赢。他算了一下自己的速度和毛毛虫并没有很大的差距。只要保证后面的路程尽自己的最大努力加快速度，就可以超越毛毛虫。经过努力，在最后一刻蚂蚁跑向了终点，超越了毛毛虫，取得本次比赛的第一名。

 思维小妙招

其实在故事中，一开始对于谁取得胜利，并没有很明确的结果。就在蚂蚁被绊倒的时候，虽然毛毛虫有点得意，大家也一致认为第一就是毛毛虫，但就在此刻蚂蚁站起来了，忍着疼痛加快速度，最终超越了毛毛虫。这个故事告诉我们，人生数十个春秋不可能是一帆风顺而无坎坷的。当碰到问题时，不畏缩，不后退，寻找解决问题的方法，这才是有意义的人生。

 思维训练

游戏名称： 过关斩将

游戏准备： 一副扑克牌

目标：20 以内三数连加，30 以内凑整。（A 当 1，J、Q、K 都当 10 看）

玩法：可以一人独立进行。

第一关：把所有牌洗好，扣握在手中。开始时连续竖着叠放 3 张牌，如果这 3 张牌相加等于 10、20 或 30 就算过关。否则就在这列牌的下方再叠放一张牌。这时如果紧连在一起的 3 张牌数字相加，正好等于 10、20 或 30，就可以把这 3 张牌收起来放在一边。接着在剩下的牌最下方再叠放一张牌。然后玩法同前。当手中的牌都放完，如果这一关还没过，就可以把前面收起来放一边的牌拿起来扣放手中，依次一张张地像前面一样玩。最后如果能剩下 3 张牌，而且这 3 张牌相加又能等于 10、20 或 30，说明你闯关成功了。否则如果你把所有牌都在桌面叠放成一条长龙，说明你闯关失败。

**思维小妙招**

刚才这个小游戏你闯关成功了吗？＿＿＿＿＿＿＿＿＿＿＿＿

在这个游戏中，其实进行的是连加运算，同时还要满足 3 张牌加起来的数是＿＿＿＿＿＿＿＿＿＿＿＿＿＿＿＿＿＿＿＿，同时我们在玩的时候可以发现紧连在一起的 3 张牌：指整列牌最下方紧连在一起的 3 张；也可以是首尾合起来的 3 张牌，比如整列最上方连在一起的 2 张和整列最下方 1 张，或整列最上方的 1 张和整列的最下方连着的 2 张。但是不能是间开的 3 张！

9. 上帝为你关上一扇门，也为你打开一扇窗

 思维故事汇

"上帝为你关上一扇门，也为你打开一扇窗。"这句话最早是玛丽亚·特拉普说的。上帝为你关上一扇门，说明你在某一方面失去了一个机会。而为你打开一扇窗，则说明你在另一方面又得到了一次机会。这说明，人在命运上都是平等的。这启示我们，当运用某种方法无法解决问题时，可以尝试着转换思路，打破常规思维，利用别的方法来解决问题。

转换思维攻破难题

——上帝为你关上一扇门，也为你打开一扇窗

有一次吴国孙权送给曹操一只大象。曹操十分高兴。大象运到许昌那天，曹操带领文武百官和小儿子曹冲一同去看。曹操的人都没有见过大象。这大象又高又大，光腿就有大殿的柱子那么粗。人走近了，站在大象的肚子下面，向上伸直手臂，还够不到它的肚子。

曹操对大家说："这只大象真是大，可是到底有多重呢？你们谁有办法称一称？"嘿！这么大的家伙怎么称呢？大臣们纷纷议论开了。一个说："只有造一杆顶大的秤来称。"另一个说："这可要造多大一杆秤呀！再说大象是活的，也没办法称呀！只有把它宰了，切成块儿称。"他的话刚说完所有的人都哈哈大笑起来。

有人说:"你这个办法不行,为了称重量就把大象宰了,不可惜吗?"大臣们想了许多办法都行不通。这真叫人为难。

 思维训练

如果你是在场的大臣,你能想到哪种方法来称大象的体重?试试看。

我的回答是:_____

 接着听故事

这时从人群里走出一个小孩,对曹操说:"父亲,我有个办法可以称大象。"曹操一看正是他最心爱的小儿子曹冲,就笑着说:"你小小年纪有什么法子?你倒说说看,有没有道理。"曹冲趴在曹操耳边轻声地讲了起来。曹操一听连连叫好,吩咐左右立刻准备称大象。然后曹操对大臣们说:"走!咱们到河边看称大象去!"众大臣跟随曹操来到河边。

河里停着一只大船,曹冲叫人把大象牵到船上。等船身稳定下来,曹冲在船舷上齐水面的地方刻了一个标记。曹冲叫人把大象牵下船,又往船上装石头。于是船身一点点地往下沉。等船身沉到水面与刻的标记对齐时,曹冲叫人停止装石头。大臣们睁大了眼睛,起先还弄不清怎么回事,看到这里,不由得连声称赞:"好办法!好办法!"现在谁都明白,只要把船里的石头都称一下,把重量加起来,就知道大象有多重了。曹操自然更加高兴了。他眯起眼睛,看着小儿子,又得意扬扬地望着大臣们,好像心里在说:"你们还不如我的小儿子聪明!"

思维小妙招

曹冲发挥聪明才智,跳出惯性思维的圈子,利用等量转换法来称大象的重量:没有直接称大象,而是将大象赶上船,记录前后的刻度差;然后利用容易称量的石头,来代替大象,通过称石块的重量得出大象的重量。故事告诉我们,思考问题时,如果一种方法行不通,可以转换思维,利用等量转换法解决问题。

思维训练小妙招:

在学习过程中遇到难题时要多动脑思考,转换思维,利用等量转换法来帮助我们解决问题。

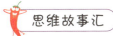
思维故事汇

兔子不站起来怎么办?(鸡兔同笼问题)

我国古代数学名著《孙子算经》中有一道题:"今有雉兔同笼,上有三十五头,下有九十四足。问雉、兔各几何。答曰雉二十三,兔一十二。"这是后世"鸡兔同笼"题的始祖。

美籍匈牙利数学家乔治·波利亚在他的著作《怎样解题》中也有类似的问题:一个农夫有若干只鸡和兔子,它们共有50个头和140只脚,问鸡和兔子各有多少。波利亚给出了一个很巧妙的解法：

鸡		兔		鸡兔脚的总数
头	脚	头	脚	
49	98	1	4	102
48	96	2	8	104
47	94	3	12	106
46	92	4	16	108
…	…	…	…	…
31	62	19	76	138
30	60	20	80	140
…	…	…	…	…

"农民惊异地看着鸡兔们非凡的表演：每只鸡都用一只脚站着，而每只兔子都用后脚站起来。"显然在这种情况下，脚数出现了一半，是70。此时鸡的脚数与鸡的头数是相等的，兔子的脚数是兔子头数的2倍。所以从70中减去总的头数50，得20，就是兔子头数。当然50-20=30，鸡是30只。这个想法是奇思妙想。如果我们想不到，也就是说"兔子不站起来"，怎么办？我们先看一个最笨的方法："一一试凑"，看一看一只鸡有多少脚，一只兔子有多少脚，一个个逐一试验，总能找出答案。不过也不能太笨了，还是画一个表格表示。由于头数是50，所以不是从1开始数起，而是先设鸡有49只，再逐一递减。不要认为这种方法太麻烦，没有价值。有了计算机，在计算机上做，这是很容易的事。此外我们再观察一下这个表格，你发现了什么？随着兔子数的增加，脚也在增加。这是因为每只兔子的脚数比鸡的脚数

多两只的缘故。如果每只兔子的脚数与鸡的脚数一样，那么脚数应当是头数的2倍，是100只脚。现在是140只脚，多出40只脚。这多出的脚数应当是在这一群动物中有兔子的原因。有1只兔子，应当多2只脚；有2只兔子，应当多4只脚……所以多40只脚，应当是有20只兔子。这样想也能解决这一问题。

波利亚没用这种方法，也没用计算机。他给出了另一种解法："如果我们懂一点代数知识，我们可以不凭偶然的试算，不凭运气，而用方程去解决这个小问题。"

日常语言	代数语言
有若干只鸡	x
它们共有50个头，现知有x只鸡，那么有多少只兔子？	$50-x$
它们共有140只脚	$2x+4(50-x)=140$

这样我们就得到了一个一元一次方程：

$2x+4(50-x)=140$

解得：$x=30$

所以$50-x=20$，这样就可以得到有兔子20只、鸡30只。

"鸡兔同笼"问题在民间也广为流传，甚至被编入小说。

在我国著名的古典文学《镜花缘》（李汝珍著）第85回里，就有这样一段故事：宗伯府的女主人卞宝云邀请女才子们到府中的小鳌山观灯。当众才子在一片音乐声中来到小鳌山时，只见楼上楼下俱挂灯球，五彩缤纷，宛如繁星高低错落，竟难分辨其多少。卞宝云请精通筹算的才女米兰芬算一算楼上楼下大小灯球的数目。她告诉米兰芬，楼上的灯有两种，一种上做 3 个大球，下缀 6 个小球，计大小球 9 个为一灯；另一种上做 3 个大球，下缀 18 个小球，计大小球 21 个为一灯。楼下的灯也分两种，一种 1 个大球下缀 2 个小球；另一种是 1 个大球下缀 4 个小球。她请米兰芬算一算，楼上楼下四种灯各有多少个。米兰芬想了一想，请宝云命人查一下，楼上楼下大小灯球各多少个。查的结果是：楼上大灯球共 396 个，小灯球共 1440 个；楼下大灯球共 360 个，小灯球共 1200 个。米兰芬按照《孙子算经》中"鸡兔同笼"问题的解法算出了答案。卞宝云让人拿做灯的单子来念，果然丝毫不差。大家莫不称为神算。

答案是：楼下 4 小球灯 240 个，2 小球灯 120 个；楼上 18 小球灯 54 个，6 小球灯 78 个。原书作者给出的答案楼上 6 小球灯有 68 个有误。你可以实际动手进行验证，看一看，你和卞宝云谁是真正的"神算"。

 思维训练

财主知道阿凡提很聪明，就想考考他："用一个杯子向空瓶里倒水。如果倒进 2 杯水，连瓶子共重 420 克；如果倒进 3 杯水，连瓶共重 570 克。请问：一杯水重多少克？一个空瓶重多少克？"

如果你是阿凡提，会怎么回答这道题？试试看。

我的回答是：_____

　　阿凡提想起等量代换法。由"2杯水连瓶共重420克"可得出瓶子的重量为420克减2杯水；然后将此代入"3杯水连瓶共重570克"中，可以得出一杯水的重量是150克；反过来即可得出瓶子的重量是120克。

　　阿凡提把思考过程和结果告诉了财主，财主很吃惊地看着他说："阿凡提，你真行！能够跟曹冲一样，利用等量代换法来解决生活中的问题。"

第5课　跟动物学思维

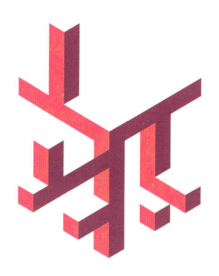

写给孩子的**思维课**

1. 竞争是一场"正和博弈"

思维故事汇

　　生活中，竞争无处不在：选举班干部的时候，同学之间会有竞争；参加考级的时候，考生之间会有竞争；排队买票的时候，会有先后顺序的竞争……仔细思考，我们会发现，只要自己拥有了好的思维，就会让自己拥有好的心态，那么自己与竞争者之间就可以拥有双方都能受益的"博弈"，就能实现共赢。

竞争是一场"正和博弈"

——共生共赢，价值至上

　　农田旁边有三处灌木丛，灌木丛里分别住着麻雀一家、刺猬一家和蜜蜂一家。

　　农夫觉得这三处灌木丛没什么多大用处，还碍事。于是决定把三处灌木丛都砍掉，当柴火烧。

　　农夫砍第一处灌木丛的时候，住在里面的麻雀苦苦地哀求他："善良的主人，您把灌木砍了也没有多少柴火！看在我们每天为农田吃虫子的情分上，求您放过我们。"农夫看着灌木，摇了摇头说："没有你们，别的麻雀也会吃虫子。"

　　农夫砍第二处灌木丛的时候，住在里面的刺猬对着农夫大喊大叫："残暴的农夫，你要敢毁坏我们的家园，我们刺猬一家绝对不会善罢甘休！"

于是，刺猬爸爸缩成一团滚到农夫的腿上，刺猬妈妈缩成一团刺向了农夫的胳膊，就连刺猬宝宝也瞅准机会刺向了农夫的手，于是农夫的腿、胳膊和手都被刺猬身上锋利的刺伤到了，疼痛难忍。他一怒之下，一把火把灌木烧得干干净净。

 思维训练

如果你是最后一家的蜜蜂，会做出怎样的选择？试试看。

我的回答是：＿＿＿＿＿＿＿＿＿＿＿＿＿＿＿＿＿＿＿＿

＿＿＿＿＿＿＿＿＿＿＿＿＿＿＿＿＿＿＿＿＿＿＿＿＿＿＿

 接着听故事

很快，农夫的伤好了，他又把目光投向第三处灌木丛。

农夫动手之前，只见蜂王飞了出来。

它对农夫柔声说："睿智的农夫啊，请先给我一分钟，听听我的话，您再做决定好不好？"

农夫想着反正耽误不了太长时间，于是就答应了。

"请您看看这丛灌木未来会给您带来的好处吧！"蜂王接着说道。

"您看这丛黄杨树的木质细腻，成材以后可以雕刻工艺品，准能卖个好价钱！"

"您再看看我们的蜂巢，我们每年除了帮您的果树传播花粉外，还能生产出很多蜂蜜，当然，也有营养价值非常丰富的蜂王

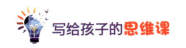

浆。这些都能给您带来更多的收益！"

听了蜂王的介绍，农夫忍不住吞了一口口水。

于是，他心甘情愿地放下了斧头，答应与蜂王合作，做起了蜂蜜生意，获得了巨大财富。两者实现了双赢！

思维小妙招

面对强大的对手，兔子、刺猬和蜜蜂分别做出了三种选择——恳求、对抗、合作共赢，只有蜜蜂达到了最终的目的。

学习也如此，如果把学业看作一场"零和博弈"，也就只有胜败没有合作，那么结果只能是要么对手受益自己受损，要么就是自己受益对手受损。

所以呢，为了更好地发展，我们应该换个思维，变"零和博弈"为"正和博弈"，也就是说学对手所长，补自己所短，把零和博弈思维下的学业竞争变成一场双方得益的正和博弈。

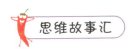
思维故事汇

鱼和鱼竿

很久很久以前，有两个快要饿死的人，幸运地得到了一个长者的恩赐机会，这位长者拿出来一根鱼竿和一篓鲜活硕大的鱼，送给他们做礼物。

他们两个人，好像是商量好了一样，只见他们其中一个人要了鱼竿，另一个人要了一篓鱼。

他们得到各自想要的东西后，分道扬镳，各奔东西。

花开两支，我们分开来看。

要鱼的那个人，立马找来了柴火，把鱼烤了吃。鱼香四溢，理所当然地吃饱了肚子。但是，很快他就发现，自己把鱼吃完了，就又没有食物了，于是继续挨饿，最终，他把自己饿死在空空的鱼篓边。

我们再来看看那个要了鱼竿的人，他又经历了什么呢？

他带着自己的鱼竿向大海边走去。因为他知道海里有鱼。他用尽了最后的力气向海边跑去，但是路太远了，他太饿了，结果他带着自己的鱼竿，饿死在了距离海边并不遥远的路上。

 思维训练

如果是你，你会怎么选择呢？是选择鱼还是选择鱼竿？有没有其他选择呢？_____

 接着听故事

长者得知两个人都饿死后，感到很失望。

于是他继续寻找。他在中国找到了两位快要饿死的人。

和前面两个人一样，他们两个饥饿的人，分别从长者那里得到了一根鱼竿和一篓鲜活硕大的鱼。

最不同的是，他们没有选择分道扬镳，分开行动，而是决定两人组团一起向海边出发。去往海边的路上，饿了，他们就停下

来烤一条鱼吃。

填饱了肚子，他们就继续出发，前往海边。

他们互相扶持，如愿来到了海边，从此以捕鱼为生。

几年后，他们不光能够吃饱饭，还攒钱盖了房子，后来又娶妻生子，过上了幸福美满的生活。

思维小妙招

许多时候，单打独斗并不能够笑到最后，哪怕你的实力很强。合作共赢，是一条在多数情况下都能稳中取胜的法则。

思维故事汇

这天晚上，夜深人静，家具们热闹了起来。

门上的锁叫醒了旁边的钥匙，一脸不高兴地埋怨道："我每天辛辛苦苦，为主人看守家门，受尽了风吹日晒，这我都没有怨言，毕竟这是我的工作。但是，我想不明白的是，凭什么主人天天只把你带在身边。要能力，你不如我会看家护院；论长相，你不如我色彩丰富，真是没有天理啊！"

钥匙听了锁的话，也感到自己满腹委屈，十分不满地说："你看看你每天待在家里，轻轻松松地挂在门闩上，咔嚓一声，咬紧了不松口，舒舒服服，等我回来，我用力扭动，你才打开，看看自己不用卖一点力气，多安逸啊！"

"你看看我，我每天跟着主人，日晒雨淋，多辛苦啊！要说美慕，应该是我更美慕你才对！"

于是，它们俩决定交换一下。钥匙便把自己藏了起来留在家里。

主人出门回家，正要开门，可是怎么也找不到钥匙了，他很耐心地将身上的兜全部翻了一遍，还是找不到钥匙。

无奈，主人只能借来了锤子砸开了锁，看着没有钥匙的锁，生气地把它顺手扔进了垃圾堆里。

进屋后，主人找到了藏起来的钥匙，更加气愤，自言自语道："锁头砸坏了，锁身也扔掉了，现在留着这把钥匙还有什么用呢？"

说完，他把钥匙也扔进了垃圾堆。

在垃圾堆里，坏掉的锁和藏起来的钥匙又见面了，它们不由感叹起来："今天我们落得如此可悲的下场，都是因为过去我们没有看到对方的价值与付出。只有相互合作，才能相互依存啊！"

很多时候，人与人之间的关系就像是锁和钥匙之间的关系一样，是相互合作、相互成就的。

如果像这个寓言故事里的锁和钥匙一样选择"零和博弈"，互相争斗，最终的结果只能是两败俱伤。

如果像最开始一样，锁和钥匙选择"正和博弈"，保持互相合作、互相成就的心态，那么既能实现共赢，还能走得长远。

2. 处境艰难不可怕，思维助力战胜它

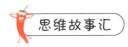

"处境艰难时，需争分夺秒。"当我们身处困境时，我们选择原地等待，面临的结果就是什么都没有改变而带来的绝望灰心。如果换个想法，尽自己最大的努力，争分夺秒地坚持到底，常常就是柳暗花明又一村的惊喜。

处境艰难不可怕，争分夺秒想办法

自然界中，有族群数量众多的獾、梅花鹿和燕子，它们自由自在，生活惬意，虽然它们的一生要不断地觅食、躲避天敌，但是这些都没有影响它们辛勤劳作与快乐生活。

有趣的是，自然界中，也生活着为数不多的天性开朗的水獭。在水獭的世界里，生活圈是没有地平线的，对它们而言，水面就是它们的极限了。

水獭们生性开朗，它们不会花费时间酝酿华而不实的情绪。

在水獭的世界中，如果要成为专职猎人，就必须得日夜不休地狩猎。于是，你会发现，水獭忙碌地穿梭在小河与大海之间，发挥自己的特长——打地道，钻地道，猎捕地道里的猎物，就像鼹鼠杀死蠕虫那样，乐此不疲。

曾经，水獭的一生，几乎都是在自己的地道系统里度过的，几乎所有的水獭终其一生也不会遇到绵延不绝的上坡或下坡，换句话说，就是它的一生几乎是没有什么是绵延不绝的坎坷磨难。

水獭满脑子想的都是进食，几乎没有余地来感悟心情。虽然如此淡然，但是水獭的生活现状是面临水源污染、环境恶化带来的被毒死、繁殖能力下降、疾病抵抗能力变弱等危险。

恶化的生存环境，加上人类的猎杀——是的，为了得到水獭的皮毛做服装，得到水獭的肝脏做中药材，人类对水獭展开了穷追不舍的猎杀。

水獭数量急剧减少。

思维训练

小朋友，你觉得水獭遇到这样的生存困境，会怎么做呢？是原地等待，还是争分夺秒地生存下去？

你的回答是：＿＿＿＿＿＿＿＿＿＿＿＿＿＿＿＿＿＿＿＿＿＿

＿＿＿＿＿＿＿＿＿＿＿＿＿＿＿＿＿＿＿＿＿＿＿＿＿＿＿＿

接着听故事

恶化的环境，逼迫水獭不得不穿越荒地、河流湍急区域，甚至爬上危险的公路，或者是侵入其他水獭的地盘。

离开了曾经舒适的环境，水獭只能经常迎接饥饿的生活。饥饿感会使水獭不择手段。

越来越多的水獭离开了曾经舒适的平缓水道，越老越多的水獭曝光于人们的生活圈里，无疑增加了它们被猎杀的危险。

我们知道，水獭习惯在夜晚狩猎，但是就像是经济拮据的人，如果白天工作 8 小时不能换来生活的温饱，那么为了吃饱穿暖，晚上就只能加班了。

对水獭来说，它们的加班时段是白天。非常有限的食物，使得水獭只能维持基本的生理活动和新陈代谢。要想更好地成长，水獭也要选择"加班"——延长觅食时间。这样做的弊端就是，水獭已经绷得很紧的神经，又被拉扯到眼看就要断裂的地步。因为，水獭已经被剥夺了睡眠，离开了曾经的家园而被迫开拓更多的地盘。

大家也许看过水獭宝宝在妈妈身边嬉闹的样子，但这段天伦时光只会维持一年左右。

一年之后水獭宝宝就必须学会独立，因为这条河流没有办法保障水獭一家人的温饱。

每年的 2 月，一座池塘还能喂饱水獭一家。但是到了 5 月，池塘就什么也不剩了。水獭宝宝无法靠直觉获得食物，为了吃饱，它需要从水獭父母那里学到足够的本领。

比如，4 月某处沼泽有青蛙可以吃。12 月有刚繁殖完、筋疲力尽的鲑鱼可以轻松抓取。

辛苦的水獭父母必须把这一整年的行程和地理位置教给它们的下一代。

因为只要一堂课没上，小水獭往后就可能因为饥饿而死亡。

然而，这种互动并不频繁。水獭妈妈会想尽办法早下课，因为这种互动会让水獭父母耗费大量心神，所以它们需要节省体力、精力，来应对未来的变化。

 思维小妙招

当身处困境时，我们不要原地等待，更不要绝望灰心，要尽自己最大的努力，合理安排计划，争分夺秒地坚持到底。水獭处于生存困境时，有自己的解决方式。它们尽自己最大的努力，争分夺秒地抗争到底。

 思维训练

随着年龄增长，你会发现，你所学的知识越来越"难"，知识的内容越来越多，要做的事情越来越杂……这些变化，有没有类似水獭一家所面临的困境？＿＿＿＿＿＿＿＿＿＿

＿＿＿＿＿＿＿＿＿＿＿＿＿＿＿＿＿＿＿＿＿＿＿＿

这个时候，你有没有发现自己随着年龄的增长而有能力的提升？你是怎样来面对这些困境的？＿＿＿＿＿＿＿＿＿＿

＿＿＿＿＿＿＿＿＿＿＿＿＿＿＿＿＿＿＿＿＿＿＿＿

 思维故事汇

在自然界里，我们人类要面临很多的挑战。你可以采用合理的时间规划、精力规划来面对自己学业上增加的难度，可以选择在有限的时间里争分夺秒地提高效率，帮助自己克服困难。

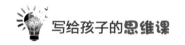

更多的动物在面临困境的时候，也会有类似的表现。比如雕鹰。

雕鹰生活在辽阔的亚马孙平原上，是自然界有名的"飞行之王"。雕鹰，以飞行时间之长、速度之快、动作之敏捷，堪称"鹰中之王"。

被它发现的小动物，一般都很难逃脱它们的捕捉。当然成年雕鹰之所以出色，必然是因为经历了很多的磨炼。

其实一只雏鹰破壳而出之后，并不会享受多长时间的舒服日子，迎接它们的是来自雕鹰妈妈的近似残酷的训练挑战。

雏鹰在母鹰的帮助下，没多久就能独自飞翔。这只是成长路上的第一步，因为，这时候的雏鹰，能够完成的飞翔只比爬行好一点点。

接下来，雏鹰需要经历成百上千次的训练，否则，就不能获得母鹰口中赖以生存的食物。

之后的第二步，就是母鹰把雏鹰带到高处——高高的树梢或者陡峭的悬崖上，然后母鹰会毫不犹豫地把它们推下去，逼迫它们延长飞行时间。当然，每年都会有雏鹰因为胆子太小，不敢展翅飞翔，而被活活摔死。

过关之后，雏鹰将迎来更为残酷和恐怖的第三步，那些被母鹰推下悬崖而能成功飞翔的雏鹰将面临最后也是最关键、最艰难的考验。

它们那正在成长的翅膀大部分骨骼会被母鹰折断，然后再次从高处推下，促进它们骨骼在飞行中实现最佳组合与成长。

之所以这样做，是因为雏鹰成长的关键期是有限的，抓住了，克服困难突破过去，那么就能成为天空中最靓丽的飞翔之王，否则只能是中途丧命。

雏鹰的成长经历是不是与你自己的成长经历有那么一点点的相似呢？你还知道动物界里有哪些类似的故事呢？如果雏鹰没有经历这种近似残酷的磨炼，它们会怎样长大呢？我们成长路上所面临的挑战，来自父母师长的期望，是不是也是促进我们成长的很好机会呢？

我们要做的，只是抓住每次机会，争分夺秒地通关成长，那么我们就可以迎来属于自己的高光时刻了！

遇到强敌不可怕，唤醒自己有办法

狮子母子正在森林里休息。狮妈妈睡得正香，小狮子早早醒来了，它独自在森林里玩。

小狮子太小了，只顾着玩，全然忘记了自然界中的危险。它一会追蝴蝶，一会找蜻蜓，只想看看世界是怎么回事的小狮子，就这样不知不觉，越走越远，等到它想要回去找狮子妈妈的时候，发现自己迷路了。

它害怕极了，疯狂地朝各个方向漫无目的地跑，一边跑一边呼唤着母亲，但没有听到任何回应。

很快，它跑累了，但是除了四处乱跑，它实在不知道该怎么办。

于是它蹲在路边，哭了起来。

一只绵羊听到了它可怜的哭叫声，把它带回了家，收养了这只小狮子。

之后的日子，狮子跟绵羊在一起吃、喝、睡……

 思维训练

你们觉得接下来会发生什么样的故事呢？

你的回答是：_____

 接着听故事

善良的绵羊妈妈非常喜欢这只小狮子。

没过多久，小狮子就越长越大了，很快就超过了绵羊。

他们的样子，越来越不一样。绵羊慢慢有点害怕长大的狮子。

跟着绵羊长大的小狮子，并没有学会它自己应会的本领，所以它看到狗会吓得逃跑，听到狼嗥会吓得浑身发抖。

接下来的时间里，绵羊和小狮子在一起生活得非常快乐。

直到有一天，一只高大雄伟的狮子出现了。

它站在山坡对面的小山上，在蔚蓝天空的衬托下，大狮子看起来更加的轮廓鲜明，高大伟岸。

　　它摇着茶色的尾巴，发出吓人的吼声。它的吼声在山谷里回荡，久久不散。

　　绵羊听到了狮吼声，站在那儿，吓得发抖，浑身瘫软，一动不动。

　　小狮子听到了狮吼声，虽然感到奇怪，但是身体却像着了魔一般，一种以前从未有过的奇怪感觉袭遍全身。小狮子兴奋极了。

　　那头狮子的吼声唤醒了它身体里的本性，唤醒了潜藏在它内心深处的力量。

　　小狮子本能地发出吼声，与那头狮子相呼应。随着大狮子吼声的指引，小狮子奋力奔跑，向着山上的那头狮子狂奔过去。

　　小狮子终于用自己的语言——狮吼，唤醒了迷失的内心。

　　回到狮群，它惊讶地发现：狗、狼以及其他以前让它那么害怕的动物们，现在看到它就吓得四处逃散，仅仅是因为自己找回了隐匿的力量。

思维小妙招

　　你知道吗？其实，我们每个人的心里都有一头"迷失的小狮子"。我们所要做的就是，找到合适的时机唤醒它，激起我们的潜力，唤醒沉睡的力量。

正如那头小狮子，最开始遇到狗、狼带来的恐惧的时候，没有盲目做一些可能伤害自己的事情，毕竟这个时候它还没有找回自己的力量。

当时机到来的时候，小狮子选择回到了狮群，即便是要面临捕猎的辛苦，也要找回自己的力量。不会因为与绵羊生活的安逸，而放弃自己的成长。

面对困难或者是遇到对手时，想办法，找到自己内在的力量，并且将它唤醒，你会发现，曾经的猎狗、豺狼，都会成为渺小的存在。

思维故事汇

换个思维方式，逆境也许会成为乐园

森林里住着三只蜥蜴兄弟，它们相亲相爱在一起。

蜥蜴大哥感觉不安全，因为它发现自己的身体和周围环境差别太大了，不容易隐藏自己，天敌很轻松就会发现它们。

于是蜥蜴哥哥对蜥蜴弟弟说："我们住在这里，实在不安全。我们得想办法改变环境。"

于是蜥蜴大哥就开始大干起来。一天过去了，一个月过去了，一年过去了……蜥蜴大哥的努力被各种各样的变化抵消了，森林那么大，蜥蜴大哥哪里能轻易改变啊？

于是，蜥蜴大哥活活累死在了改变环境的路上了。

蜥蜴二哥接着说："我的天啊，勤劳的大哥居然累死了！"

"看来想要改造这个地方，不是我们能力所及的事情。"

"怎么办呢？唉，不如另寻一个和我们身上颜色一样的环境——既安全又食物充足的地方去生活。"

"找这样一个地方应该是简单多了，一定很容易做到，不需要累死了！"

说完，蜥蜴二哥就摇着头爬出了这片森林。

可是，色彩丰富的大自然，怎么可能有足够的地方满足它的要求呢？它到处寻找，想要找到一个和自己本来颜色一样的环境，躲避天敌，可是还没有找到梦中的乐土就饿死了。

蜥蜴弟弟看了看四周，说道："为什么一定要改变环境呢？"

"为什么不改变自己，来适应环境呢？"

"改变自己来适应环境，是最简单不过的事情了。"

于是，它便借着阳光和影子，慢慢地改变自己的肤色。不一会儿，它就拥有了树干的棕褐色，渐渐地在树干上隐没了。

蜥蜴弟弟越来越熟练地运用这种办法，在不同的环境中改变自己的肤色，既躲避了来自天敌的危害，又拥有了整片森林。

它们的后代——变色龙家族，从此在森林里安居繁衍。

思维小妙招

面对困境的时候，人通常会有三种表现，第一种是埋怨环境或者他人，企图改变他们来适应自己，就像蜥蜴大哥的选择；第二种是选择逃避，企图回避困境，找到梦想中的"家园"，蜥蜴

二哥的选择实现起来也是有局限的；第三种选择是通过改变自己来适应环境，"变色龙"家族的生存之道，是不是也能够开拓我们的思路呢？

当生活的境遇不能改变时，我们唯一能做的就是承认现实，面对现实，并且努力适应现实。停止抱怨，收起牢骚，从改变自己开始，在变中求进，这何尝不是一种积极的人生态度呢？

3. 变找缺点为看长处

漂亮的红狐狸来到可爱的猕猴的新房子门前，四处欣赏。左面是一条小河，里面蛙声一片。右面是一座小山，山上长满了红灿灿的果子。前面是一片开满鲜花的绿草地。更美的是房子后面的一片菜地，长满了绿油油的新鲜蔬菜。

红狐狸对猕猴说："这里环境太漂亮了，我也要在这里建新房，和你做邻居。"

"我的头脑聪明，以后无论你遇到任何难事，我都会帮你出主意，我们就是好邻居了……"

憨憨的狗熊听见后，急忙冲过来对猕猴说："这里景色太迷人，我也要在这里建新房，和你做邻居。"

"我身体壮实，力气大，以后只要是你需要我出力的时候，我就一定会第一时间来帮忙，我们也会成为好邻居的……"

猕猴看着漂亮机灵的红狐狸和身体健壮的狗熊，高兴地说："好啊，好啊！有了你们做邻居，我就不会再孤独了，有困难也可以请你们多帮助！"

浑身是刺的刺猬走过来，对猕猴说："我也要在小溪边造新房，和你们做邻居。"

猕猴满脸不屑地看了一眼浑身是刺的刺猬，说："我、红狐狸、狗熊，我们三个都有光亮的皮毛，做邻居很合适！"

"再看看你，全身都是刺，这么难看，与我们做邻居不合适。"

还没说完，就看到了小刺猬委屈的眼神，猕猴不忍心，接着说道："当然了，如果你一定要在这里建房子，我也不反对。不过，有一个要求，那就是，一定要将新房子建设得距离我们远一点。"

就这样，大家都同意了。

没多久，红狐狸紧挨着猕猴房子的左边建了一幢新房子，狗熊紧挨着猕猴房子的右边建了一幢新房子。

再看看，狗熊新房的右边还有一幢矮矮的小房子，不用说，这就是小刺猬的新房子。

大家乔迁新居，猕猴、红狐狸、狗熊都很高兴，于是凑在一起憧憬以后的美好生活。

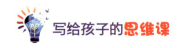

一切都很美好，就会在美好的时刻来点意外。故事中的意外，就来自一只饥饿的老虎，这只饥肠辘辘的老虎从树丛后悄悄地走出来，趁着大家不注意，一把抓住了猕猴。

 思维训练

小朋友，你觉得接下来会发生什么事呢？

你的回答：＿＿＿＿＿＿＿＿＿＿＿＿＿＿＿＿＿＿＿

如果你在场，你会怎么做呢？＿＿＿＿＿＿＿＿＿＿

会运用自己哪些长处救下猕猴呢？＿＿＿＿＿＿＿＿＿

如果你是狗熊，会用＿＿＿＿＿＿＿＿＿＿＿＿＿＿；

如果你是红狐狸，会用＿＿＿＿＿＿＿＿＿＿＿＿；

如果你是刺猬，会用＿＿＿＿＿＿＿＿＿＿＿＿＿；

 **接着听故事**

猕猴吓坏了，一边拼命挣扎一边大声呼救。可是老虎太厉害了，它的挣扎看起来没什么效果。

漂亮机灵的红狐狸和身体强壮的狗熊见老虎来了，不约而同地慌慌张张地逃进自己的家里，把大门紧紧关上，再也没动静了。

猕猴绝望极了，自己都要放弃挣扎了。

这时候浑身是刺的刺猬，把自己的身体蜷缩成刺球，滴溜溜地向老虎滚过去。

"刺球"在老虎的脚上"唰唰唰"地滚过去，又"唰唰唰"地滚过来，一个来回，两个来回，三个来回……

小刺猬一点儿也不惧怕老虎，努力用自己的力量来对抗老虎。

老虎十分恼怒，于是放下猕猴，冲上去对付刺猬。

刺猬呢，趁着老虎低头不留神的时候，用力把尖刺扎在老虎的鼻子上。

红狐狸和狗熊看到了时机，也加入了与老虎的战斗，红狐狸扯住了老虎的皮毛，狗熊砸到了老虎的后背上……

老虎害怕极了，捂着流血的鼻子，一瘸一拐地逃进了深山密林。

 思维训练

红狐狸和狗熊看见猕猴被老虎抓住，没有去帮助它，而是匆忙关上了门。只有刺猬不顾危险，帮助猕猴脱离了虎口。

生活中，我们也常常会遇到类似的情况。有些人语言表达很好，但是行动力很一般；相反，有些人虽然不怎么会说，但是做事情很用心。

所以，判断一个人的时候，我们不能只听别人说什么，也要看他做了什么。

在集体生活中，如果每个人都发挥自己的长处，学会团结，那么就可以做到众人拾柴火焰高，克服各种困难，团体里的每个

人都能取得进步，有所收获。

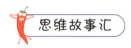

帮别人就是帮自己

有一个车夫，赶着一头驴子和一头骡子同时出门，驴子和骡子身上都驮着满满的货物。

驴子擅长在平路上走。骡子就厉害了，爬山路都很轻松。

在平路上的时候，驴子和骡子相伴而行，走得很稳当。

直到来到一座山脚下，它们开始循着山路，盘绕上行。

最开始的时候，驴子还能坚持，遇到了一段陡坡，驴子实在是太累了，它爬陡坡感到很困难，于是向骡子请求帮助，麻烦骡子帮自己分担一小部分货物。

"好心的骡子，你能帮助我分担点货物吗？我实在是太累了。"

"这可不行！我身上也有货物呢！"

骡子没有答应，驴子继续坚持。

不久，它们来到一个荒无人烟的地方。

驴子累得筋疲力尽，恰巧被一块石头绊倒，驴子一点力气也没有了，它就这样倒下去了，再也没有站起来。

是的，驴子被活活累死了。

荒无人烟的地方，车夫本没有办法找到人帮忙，于是把驴子驮的东西一股脑全都加在骡子身上，就连剥下来的一张驴皮，农夫也毫不犹豫地放在了骡子身上，一起驮着。

骡子驮着两份的货物，心里百感交集，悔不当初。

它感叹道："唉，真是活该！当初驴子要我帮忙，我如果答应了，驴子不至于丢掉性命，我也也不至于除了驮上它的货物，还得驮它的臭皮囊了。"

 思维训练

这个故事说明，帮助常常是互相的，帮助了别人，就等于帮助了自己。如果对朋友的困难采取"事不关己"的态度，自己往往也会受到无情的惩罚。那么生活中，当朋友需要帮助时，你是怎么做的呢？

我的回答是：＿＿＿＿＿＿＿＿＿＿＿＿＿＿＿＿＿＿＿＿＿＿＿

4. 有舍才有得

 **思维故事会**

海胆、海参历险记

海参和海胆是一对非常要好的朋友，整天形影不离。

这一天，它们又凑到了一起，在海底悠闲地散步，它们看到海底的鱼儿像天上的鸟儿一样游过，看到身旁的海草像树叶一样摇摆。

海胆说："参，你看这朵珊瑚色彩艳丽，婀娜多姿，多漂亮！"

海参说："是啊，你看到了吗，珊瑚后面还有一只触手呢。"

正说着话的海参和海胆，一点没有注意到身旁的变化。

只听见"呼"的一声，珊瑚旁边伸出来一只可怕的触手，一下子就卷住了海胆！

海胆仔细观察这才发现，一只狡猾的乌贼躲在珊瑚后面。

它吓坏了，慌忙惊叫："参，救我！救救我！"

乌贼听到救命的喊叫声，触须使劲用力，结果被海胆身上的刺给刺痛了，没有办法，只好松开了。

海胆掉了下来，惊魂未定。

海参大声喊："胆，快跑！"

海胆躺在海底，无可奈何地说："我受伤了，疼得厉害，跑不动。"

哎呀，这可怎么办？

这时，狡猾的乌贼听到了，又高举着触手扑了上来。海胆说："参，别管我，你逃命去吧。"

海参说："抛下你逃命，这还算什么好朋友？"

思维训练

如果你是海参，面对突如其来的危险，你会不会挺身而出，保护自己的朋友呢？你会怎样保护朋友？

我的回答是：＿＿＿＿＿＿＿＿＿＿＿＿＿＿＿＿＿

 接着听故事

在乌贼扑过来的一刹那，海参毫不退缩，"噗"的一声，把自己的内脏吐了出来。

狡猾的乌贼看到了，立刻游过去，抓住飞来的美味，大嚼起来。

趁这会工夫，海参急忙背起受伤的海胆，悄悄地逃进了海洋医院。

经过海马医生的检查，海胆受的是轻微的外伤，海参却受了严重的内伤。

海参躺在病床上，昏迷不醒。

海胆焦急地问海马医生："医生，海参的伤势怎么样啊？"

海马医生说："它把自己的内脏一下子全都吐出来了，现在海参的肚子里什么东西都没有了。"

海胆大吃一惊，"啊？没有内脏，海参还能活吗？"

"是不是海参要死了啊，海参都是救我才……呜呜呜……"

海胆一边说一边哭了起来

海马医生说："对于大多数海洋生物来说，在这种情况下基本上是不能活下去的，不过……"

不过什么呢？

海马医生没说完，就来了需紧急救助的新病人，海马医生只说让海胆放心，就赶去治疗别的病人了。

海胆在海参的病床边哭了。他说："参，为了救我，你舍弃了自己的内脏，自己受了重伤，你太伟大了！虽然你快要死了，但在这最后的日子里，我一定要让你活得像个皇帝一样幸福！"

于是，心怀感恩的海胆每天都无微不至地照顾海参。

海参需要吃流食，海胆就自己先嚼碎了，然后再一小口一小口地喂到海参嘴里。

到了夜深人静，海参睡着的时候，海胆就跑到病房外面的走廊上，偷偷地哭泣。

"参啊参，无论我如何努力，都不能挽救你的生命啊！"

海胆正哭得伤心，听到一个熟悉的声音："胆，什么事这么伤心？"

海胆回头，大吃一惊："参？是你吗？你怎么起来了，快去休息……"

海参做了个健美姿势说："我的病好了，多谢你的照顾！"

海胆不相信："这不可能，你没有了内脏！不会是真死了吧……"

海参拍拍肚皮："我们海参有一项绝招，吐出去的内脏，过一段时间，就能重新长出来！没事的，不用担心啦！"

海胆不放心，就找到海马医生给海参拍 X 光片，海参的肚子里果然有内脏！

"我还有一个好消息：狡猾的乌贼，经常拦路抢劫，昨天已经被梭子蟹警察抓住了！以后，再也不用担心遇到坏人了！"

海胆激动地说："朋友痊愈，坏蛋被抓，真是再好不过的结局啦！"

 思维小妙招

生活中，我们不可能事事顺心，事事都能够如意。很多时候，有舍才能有得，就像海参为了帮助朋友，连自己的内脏都会舍弃。当然，前提条件是，你具备一定的能力。当你可以有余力帮助别人的时候，可能要舍去一点时间、一点利益或者是一部分精力。当我们舍弃眼前的利益的时候，你会发现，你能够像海参获得新生一样，获得长远的发展。

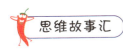 **思维故事汇**

小壁虎的尾巴

在一个幽暗的大森林里，一只小壁虎正在躲避自己的天敌——蛇。

玩耍的小壁虎突然听到后面有"沙沙"的声音，急忙转头看去，原来是一条巨型蟒蛇！

小壁虎使出全身解数没命地逃跑，还是逃不过紧追不舍的大蟒蛇。

突然，它感到尾巴一阵剧痛，原来自己的尾巴被大蟒蛇咬掉了。

小壁虎片刻不敢停留，逃跑的速度更快了。

还好，幸运的小壁虎总算逃出了巨蟒的大口。

它哭丧着脸，把自己被大蟒蛇咬掉尾巴的事情，告诉了自己的好朋友们。

所有的朋友都在劝它。

兔子说："没事，人生总会有各种各样的曲折，忘掉这件事情吧，就当你的尾巴还在就可以了！"

田鼠说："吱吱，没事的！你只是丢了一条尾巴，但是你可以换个想法，你并没有死掉，这样想是不是很不错了？不能求别的了。"

⋯⋯⋯⋯⋯

思维训练

如果你是小壁虎，失去了尾巴，你会怎么办呢？

我的回答是：＿＿＿＿＿＿＿＿＿＿＿＿＿＿＿＿＿＿＿

＿＿＿＿＿＿＿＿＿＿＿＿＿＿＿＿＿＿＿＿＿＿＿＿＿＿

＿＿＿＿＿＿＿＿＿＿＿＿＿＿＿＿＿＿＿＿＿＿＿＿＿＿

你知道的像小壁虎一样断尾求生的小动物还有哪些？写在下面：

＿＿＿＿＿＿＿＿＿＿＿＿＿＿＿＿＿＿＿＿＿＿＿＿＿＿

＿＿＿＿＿＿＿＿＿＿＿＿＿＿＿＿＿＿＿＿＿＿＿＿＿＿

接着听故事

小壁虎听了朋友的话，心里还是不得劲。

于是小壁虎回到了家里，把这件事告诉了妈妈。

壁虎妈妈微微一笑，说："放心吧，没事的，我们壁虎的尾巴有再生能力，用不了几天，新的尾巴就长出来了。不用害怕。"

小壁虎半信半疑地点了点头。

壁虎妈妈果然没有说错，没过几天，小壁虎重新长出了新尾巴。

小壁虎高兴极了，手舞足蹈地找自己的朋友庆贺去了。

从这以后，小壁虎就掌握了新的逃生本领——用断尾的方法来逃避敌人的攻击。

思维小妙招

在遇到困难时，找到自己的"再生点"，先舍弃眼前的，用来应对困难，再用自己的能力唤醒自己的本领，也就是选择使用适当的方法和途径，摆脱那些令人烦恼的困难。

第6课　跳出思维定式

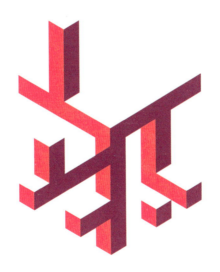

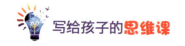

大多数时候，我们一直被自己的思维所局限，导致我们一直盲目地努力，结果却并不尽如人意。跳出自己的思维定式，找到自己真正想要的东西，这样才能让自己过得更舒服。

当遇到解决不了的问题时，成功人士会尝试用不同的思维方式来思考问题。

1. 被欺负怎么办

小猫的"懦弱"

小猫和小狗在幼儿园小班。它们每天一起生活，但是小狗总是变着法子欺负小猫。

小狗几乎每天都把小猫咬伤，常常是旧伤还没好，新伤又上去了。

小猫很坚强，它从来都不哭。奇怪的是，小猫越一声不哭，小狗就越生气，欺负它就更严重了。

就这样，每次回到家里，小猫身上都脏兮兮的，更重要的是，小猫的身上还有瘀青。猫妈妈心疼地问："怎么了小猫，是不是幼儿园里有人欺负你呀？如果有人欺负你，你一定要告诉爸爸妈妈。"

小猫笑了笑，接着说："妈妈放心吧，没有人欺负我！身上的瘀青是我踢足球时不小心弄伤的。"

小猫很害怕，它不敢告诉妈妈真相，因为小狗每次都对小猫说不许告诉家长，不然会好好地教训一下它。

小猫非常害怕小狗，所以跟自己的妈妈一点也不敢说。

 思维训练

看到这里，你是否觉得小猫很"懦弱"？小狗恐吓小猫，如果小猫把被欺负的事情告诉家长，小狗就会更加严厉地教训小猫。你觉得小狗这样做犯了哪些错误？

小狗欺负小猫是不对的，但是小猫这样忍气吞声，也是不对的！那么小猫到底应该怎样做呢？

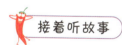 **接着听故事**

小狗肆无忌惮，越发过分，小猫刚走到幼儿园门口，小狗就把小猫拦住，抢走了它的午餐盒。

新转学的小熊看到了，走过来帮助小猫。

善良的小熊用自己有力的拳头帮助小猫打跑了小狗。

小狗害怕了，再也不敢欺负小猫了。

善良的小熊和可爱的小猫成了好朋友，天天一起玩。

没有人跟小狗玩，小狗孤单极了，每天自己来自己走。

小猫看到了，就劝小熊，一起原谅小狗。小熊、小猫决定和小狗做好朋友。

小狗也认识到了自己的错误，决定改正错误，再也不欺负小朋友了。

现在小猫每天都非常快乐。因为它有了两个朋友——小熊和小狗。

 **思维小妙招**

小故事的后半部分，发生了大反转，出现了一个小"英雄"，是谁呢？

善良的小熊帮助了小猫，从此小猫就不再被欺负了。本以为故事到这里就可以结束了，但是最后一个自然段，事情又发生了变化。小猫、小熊决定和小狗做好朋友，这样大家就可以和谐相处。小狗也认识到了自己的问题，向小猫承认了错误。此时，你还觉得现在的小猫很"懦弱"吗？

小猫用它的大度，最终换来了拥有两个好朋友的完美结局。

在生活中，我们难免会遇到别人的欺负。当遇到这种情况时，首先应在第一时间告诉大人——老师或者家长，他们会帮助你出谋划策，化解"危机"。

思维训练小妙招：

别人冲你生气，是因为他有气，而不完全是你的错。如果都能传播微笑，消除敌意，世界该有多么美好。

哈利被羞辱了

曾经，美国地产大王哈利只是一个工厂的机器清洗工。机器上的油渍经常会沾到他的工作服上，也会有一些污染重的污渍，怎么样也洗不掉。

这本来是这个工种的工人经常遇到的问题。但是年轻的哈利万万没想到，就因为自己工作服上的污渍，他竟经受了一次耻辱的经历。

事情是这样的，哈利下班后去一家商场买自己需要的日常用品。买好了之后，来到收银台前排队，哈利前面是一名打扮得非常妖艳的女人，女人一回头就发现他的衣服有污渍。

她皱着眉头捂着鼻子，猛地一下就把要买的东西扔了一地，然后走出了商场。

哈利虽然感到自己受到了侮辱，但是他并没表现出来。

遗憾的是，一分钟之后，又有一个女人来排队结账。这位女士刚走到哈利身后，就闻到了刺鼻的油渍味道，再看到他身上的油渍，立刻转身离开了。

当时的哈利就觉得，这两个女人真会装模作样，假装高贵。因为他认为，自己的衣服虽然有污渍，但每天都洗，和其他的机器清洗工相比，自己的衣服已经是很干净了，所以哈利认为自己的衣服并不脏。他在心里埋怨：我的工作每天都很辛苦，一下班

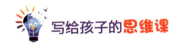
就换成西装革履，这是一件很烦琐的事情。这些女人就不能体谅一下？真是没有修养。

很快轮到他结账，商场保安走过来把他请了出去。

他质问保安为什么这样对待他。保安是这样解释的：商场有规定，谢绝衣服不干净的顾客光临。最重要的是刚才有顾客向商场投诉了他。

尽管哈利理直气壮地跟保安理论，但还是被赶了出来。

围观的人特别多，这是哈利有生以来受到的最大侮辱。

 思维训练

哈利因为工作服有污垢，先后被几个人羞辱、嫌弃？ _____ _____。

如果你是哈利，被欺侮了，会怎么想？ _____。

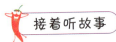 **接着听故事**

那天晚上，哈利怎么也睡不着，他因为超市的事情失眠了。他暗暗对自己发誓：一定要努力拼搏，再也不让人瞧不起。

从此，他每天除了吃饭休息，其余全部时间都用来工作，用来获得更多的收入。

就这样，他从工厂下班后马上到附近餐厅做洗碗工。

工厂里，他敬业用心，表现得很出色，于是被提拔为清洗车间经理。

一年后，哈利有了一些积蓄，有了人生的第一桶金，于是他与朋友合伙开了一家商场。他的想法是，在哪里跌倒，就要在哪里爬起来。他要让自己的商场成为工人的购物天堂。他的商场做出了这样的规定：凡是工厂工人，凭工作证购物，可以享受八折优惠。

就这样，哈利的商场得到了更多人的喜爱，他将自己的收入投资到房地产行业。

十年后，他拥有了两亿美元的个人资产，成为美国的地产大王。

思维小妙招

在这个故事中，哈利受到了别人的羞辱，但是他没有气馁、消沉，而是化悲愤为力量。他没有去报复别人，而是努力做得更好。他发誓：一定要努力拼搏，再也不让人瞧不起。他每天除了吃饭休息，其余全部时间都用来工作。下班后他到附近餐厅做洗碗工。正是他的努力改变了自己的人生！

生活中，我们可能一不小心就受到不平等的对待，特别是当我们还贫穷的时候。贫穷并不可怕，受到不平等对待，甚至受到侮辱也不可怕。可怕的是，在受侮辱后麻木不仁。只要有奋发向上的决心，被歧视也能成为你前进的一种力量。

如果你能把这种力量用好，有一天，当你回头看走过的路时，会感谢曾经受过的歧视。

2. 自己搞不定怎么办

　　父爱如山。作为父亲，最大的乐趣在于：在其有生之年，能够根据自己走过的路，来启发、教育、保护子女。

　　洛克菲勒说："尊严不是天赐的，也不是别人给的，是你自己缔造的。"对待侮辱的不同态度或采取的行动，体现了一个人能力的高低。

皓皓受伤了

　　半年前，皓皓爸正在公司紧张地工作着，突然接到学校老师的电话，老师告诉爸爸说皓皓在学校和同学打架，受伤了，现在额头流血，已经缝了三针。

　　皓皓爸一听，心疼极了，连忙火急火燎地跟领导请假，马不停蹄地赶往医院。

　　当他到的时候，外科医生正要给孩子的头上缠纱布。

　　他看到孩子额头缝合的伤口，心里这个难受啊。

原来上体育课时，皓皓抱着从家里带来的篮球去操场玩。小黑很想玩皓皓的篮球。可是皓皓只想自己玩，怎么说也不给小黑玩，小黑二话不说，伸手就过来抢篮球。

　　皓皓看到小黑要抢球就想办法一直躲，小黑抢不到篮球，很生气，便开始出拳打人。

　　于是，两个孩子就打在了一起。小黑抓了块木头，狠狠地砸在了皓皓的头上。皓皓的额头被砸了一个口子。好在老师及时赶到，把皓皓送进了医院。

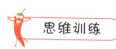

　　你遇到过像小黑一样的同学吗？你身边有类似的事情吗？你或者你的同学是怎样做的？你会怎样做呢？＿＿＿＿＿＿＿＿

＿＿＿＿＿＿＿＿＿＿＿＿＿＿＿＿＿＿＿＿＿＿＿＿＿＿＿＿＿＿

接着听故事

　　皓皓爸对小黑并不陌生，因为他经常听皓皓回家说小黑的事情，大多数的事情都是在说他如何欺负班里的同学，前些天还把皓皓打哭了。

　　皓皓爸知道后，对皓皓大吼："你就不能给我打回去？他要是再欺负你，你就和他打，不能只站着挨打……"

　　想到这里，皓皓爸顿时心里悔恨不已：早知道小黑下手那么

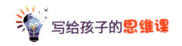

狠，就不该让孩子打回去。

可是，他又很苦恼。遇到这种事，不让孩子打回去，难道要让孩子任人宰割吗？

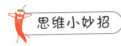

在这个故事中，你觉得皓皓爸让孩子打回去的建议是否正确？

心理学家约翰·卡特曾针对"校园欺凌"进行研究，发现"反击、打回去是降低孩子被校园欺凌概率最有效的方式"。

心理学家约翰·卡特解释说：如果孩子一味忍让、逃避，施暴者就会从中获得成就感和满足感，那么他就会变本加厉地对孩子进行羞辱。如果孩子在被欺负时，立马回击、打回去，就会立刻让施暴者意识到，欺负他，自己也会付出不小的代价，从而收敛自己。

虽然皓皓的额头受伤，但是，经过这件事，小黑在心理上会对皓皓拉起警戒线。以后小黑再也不敢欺负皓皓了。

当你遇到受欺负的事情时，可以采用"喊、告、跑、打"这四个步骤。当然，如果和欺负你的孩子体力差距悬殊，就不要盲目地打回去。这时家长、老师就是你最坚强的后盾！

思维训练小妙招：

　　当受到委屈时，要把握好度，人敬我，我敬人，人欺负我，我也绝对不会任人宰割。要学会自我保护。

 接着听故事

　　后来，皓皓爸找了小黑的父母。小黑父母坚决不认错，甚至指责皓皓爸不会教子，害小黑被皓皓打得身上好几处瘀青。

　　看到这种情况，皓皓爸很识趣地不再多谈。一方面，像小黑父母这类人，根本无法教育好孩子，更不会客观地处理孩子的矛盾；另一方面，皓皓爸虽然心疼孩子，但是他深知这个世界的复杂，孩子的成长路上难免遇到各种人。这件事也让皓皓思考了如何更好地处理同学矛盾，杜绝恶性事件再次发生。所以，皓皓爸没觉得孩子有多吃亏。

　　那么皓皓是怎么想的呢？

　　皓皓说："小黑再敢惹我，我还打他。不过，我再也不会和小黑玩了。"皓皓爸听后，认同了他的想法，也支持他这么做。

 思维小妙招

　　你是否赞同皓皓爸爸的做法？为什么？其实我特别赞同皓皓爸对皓皓处理此事方式的尊重。

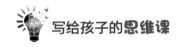

一些家长在发生此类事件后，却要求孩子宽容，学会原谅。结果孩子陷入了内心不想原谅，可世俗标准却要求他原谅的痛苦、矛盾和自我怀疑中，严重的甚至产生了抑郁症而自杀。

最后，你不妨仔细想想，在整个事件中，究竟谁吃了亏？表面看，皓皓吃了亏，其实小黑才是最吃亏的那个孩子。

孩子就像一张白纸。他们通过成人的眼睛来认知世界，也效仿成人去对待世界。

小黑会以自我为中心，锱铢必较，甚至试图事事靠暴力解决。往大了说，这种粗暴解决问题的方式，或许当前会让他有所受益而沾沾自喜，可是终有一天会将他彻底毁掉。往小了说，这种粗暴解决问题的方式，会让孩子注定一生孤独。

你觉得皓皓还会和小黑交往吗？据皓皓爸说，小黑因为上学期的多次作恶，父母又无条件包庇，多数孩子都对他避而远之。现在小黑只能一个人玩。就算他想通过施暴引起别人注意，同学们也会默契地互相帮助来对抗他。

这种孩子，在这样的处境下，又如何能健康成长呢？

面对欺凌，必须反抗——用"喊、告、跑、打"四步法。

思维训练小妙招：

学会保护自己，以及怎么保护自己。当你自己解决不了问题时，不要怕，找老师和家长！

3. 学会解决问题

什么叫问题？问题就是事物的矛盾。哪里存在没有解决的矛盾，哪里就有问题。正是存在问题，才会激发我们去学习、去实践。

创造始于问题，有了问题才会思考，有了思考，才有解决问题的方法，才有找到独立思路的可能。

所以，遇到问题不可怕。能找到问题的症结，学会解决问题才是人生的智慧。

田忌赛马

齐国大将田忌，很喜欢赛马。有一回，他和齐威王进行一场比赛。他们商量好，把各自的马分成上、中、下三等。比赛时，要上等马对上等马，中等马对中等马，下等马对下等马。

由于齐威王每个等级的马都比田忌同等级的马强，所以比赛了几次，田忌都失败了。

故事读到这里，你觉得这个赛马比赛是不是不公平？_____

_____。

在这种不公平的情况下，田忌有可能让局势改变吗？为什

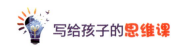

么？_____。

接着读故事，看看后来发生了什么。

 **接着听故事**

田忌觉得很扫兴，比赛还没有结束，就垂头丧气地离开了赛马场。

这时，田忌抬头一看，人群中有个人，原来是好朋友孙膑。孙膑招呼田忌过来，拍着他的肩膀说："我刚才看了赛马，威王的马比你的马快不了多少呀。"

孙膑还没有说完，田忌瞪了他一眼："想不到你也来挖苦我！"

孙膑说："我不是挖苦你，我是说你再同他赛一次，我有办法准能让你赢了他。"

田忌疑惑地看着孙膑："你是说另换一匹马来？"

孙膑摇摇头说："连一匹马也不需要更换。"

田忌毫无信心地说："那还不是照样得输！"

孙膑胸有成竹地说："你按照我的安排做就可以。"

齐威王屡战屡胜，正在得意扬扬地夸耀自己的马快时，看见田忌陪着孙膑迎面走来。他讥讽地说："怎么，莫非你还不服气？"

田忌说："当然不服气，咱们再赛一次！"说着，"哗啦"一声，把一大堆钱倒在桌子上，作为他下的赌钱。

齐威王一看，心里暗暗好笑，于是吩咐手下，把前几次赢的钱全部抬来，另外又加了一千两黄金，也放在桌子上。

齐威王轻蔑地说："那就开始吧！"一声锣响，比赛开始了。

孙膑先以下等马对齐威王的上等马，第一局输了。

齐威王站起来说："想不到赫赫有名的孙膑先生，竟然想出这样拙劣的对策。"

孙膑不去理他。

接着进行第二场比赛。孙膑用上等马对齐威王的中等马，胜了一局。

齐威王有点心慌意乱了。

第三局比赛，孙膑拿中等马对齐威王的下等马，又胜了一局。

这下，齐威王目瞪口呆了。比赛结果是三局两胜，田忌赢了齐威王。

还是同样的马匹，由于调换一下比赛的出场顺序，就出现了转败为胜的结果。

 思维训练

孙膑这个做法是不是让你眼前一亮？在固有思维中，自然是"上等马"对"上等马"，"中等马"和"中等马"较量，"下等马"自然要和"下等马"比赛。

当事件产生冲突时就会产生问题：就像田忌以为败局已定时，怎样扭转局势，反败为胜，就是问题所在。故事中，是谁想到了解决问题的方法？

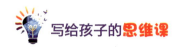
孙膑采用了什么方法，让田忌取得了赛马的胜利？他采用的策略是用"_____"对齐威王的"上等马"，"_____"对齐威王的"中等马"，"_____"对齐威王的"下等马"。最终转败为胜。

 **思维故事汇**

聪明的鲁班

有一年，鲁班接受了修建一座宫殿的任务。宫殿需要很多木料。当时还没有锯子，工匠们只能用斧头砍树，效率非常低。工匠们每天累得筋疲力尽，砍的树木远远不够修建宫殿的。

眼看距离宫殿交工的时间越来越近，这可急坏了鲁班。他决定亲自上山查看砍树的情况。

 思维训练

故事中，鲁班遇到了什么问题？他为什么要亲自上山查看砍伐树木的情况？

_____。

要加快砍树的进度，你觉得应该怎么做？当前最需要的是什么工具？

_____。

 **接着听故事**

爬山时，鲁班无意中抓了一把野草，手被划破了。鲁班很奇怪，小草叶子为什么这样锋利？他摘下一片叶子，细心观察，发现叶子两边长着许多很小的细齿。他用手轻轻一摸，发现这些小细齿非常锋利。

原来他的手就是被这些小细齿划破的。鲁班又看到一条大蝗虫在吃草叶，两颗大板牙非常锋利，一开一合，很快就吃了一大片。

这引起了鲁班的好奇心。他抓了一只蝗虫，仔细观察蝗虫牙齿的结构。鲁班发现蝗虫的两颗大板牙上同样排列着许多小细齿，蝗虫正是靠这些小细齿来咬断草叶的。这两件事给鲁班留下了极其深刻的印象，也使他受到很大启发，陷入了深深的思考。

他想：如果把砍伐木头的工具做成锯齿状，应该会很锋利，砍伐树木就容易多了！

思维训练

下山后的鲁班，遇到了两件事情，给了他很大的启发。其一是：_____；

其二是蝗虫的牙齿，他发现_____。

野草把手划伤和蝗虫吃草叶这两件事看似很常见，但是，给了他很大的启发。由锯齿一样的叶子和牙齿，鲁班想到了要制造

一种带有锯齿的工具！

那么，他会成功吗？

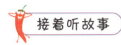
接着听故事

鲁班用大毛竹做成一条带有许多小锯齿的竹片，然后在小树上试验。结果，很快就把树皮割破了。再用力拉几下，小树干就被划出了一道深沟。鲁班非常高兴！

由于竹片比较软，强度比较低，不能长久使用，所以锯了一会儿，小锯齿要么断了，要么就变钝了，需要更换竹片。这会影响砍伐树木的速度。而且，使用竹片太多也是很大的浪费。看来应该寻找一种硬度比较高的材料来代替竹片，这时鲁班想到了铁片。

鲁班请铁匠制作了一些带有锯齿的铁片。鲁班和徒弟各拉一端，在一棵树上拉了起来。只见他俩一来一往，很快就把树锯断了，又快又省力。锯就这样被鲁班发明了。

思维小妙招

在鲁班之前，不少人有过被野草划破手的经历。为什么只有鲁班从中受到启发，发明了锯？这无疑值得我们思考。

大多数人认为这是生活中的一件小事，不值得大惊小怪。他们往往在治好伤口以后就把这件事忘掉了。鲁班却有比较强烈的好奇心和深度思考的习惯，注意观察生活中一些细节。

当你遇到困难时，是不是也会有情绪上的反应，表现为不耐烦、尖叫或者说"我不跟你玩了"等，这些都是适应性欠佳的表现。适应性欠佳的孩子遇到困难、挫折时大脑的第一反应就是不愿意面对，能逃就逃。

比如作业特别多时，马上就会哭闹，然后说肚子疼。有些小孩早上不愿意去上学，然后就说肚子疼，带去医院医生却检查不出来问题。家长会说孩子是装病不想去上学。其实这是心理上的不适引起的生理上的不适，孩子不愿意面对上学带来的各种问题引起的生理反应。

遇到问题时，你应该向故事中的孙膑和鲁班学习，善于观察、思考和钻研，从中找到解决问题的方法和思路，甚至获得某些创造性发明。

思维训练小妙招：

留意生活中一些不起眼的小事，勤于思考，会使你增长许多智慧。

4. 学霸养成计划

郭沫若说过："教学的目的是培养学生自己学习，自己研究，用自己的头脑来想，用自己的眼睛看，用自己的手来做这种精神。"

学生在学习上大致可分为四种类型："生而好学为上，熏染而学次之，督促而学以次之，最下者虽督促不学。然而生而好学与督促不学的人究竟是少数，大多数得到相当熏染、督促就学习。"

 **思维故事汇**

油灯的光芒依旧

海韵是个内向的孩子，他因为怕麻烦老师，所以遇到困难总是不敢向老师求助。

细心的老师发现了这个现象，就问他原因。

学生说："老师，我是不是太笨了，有时候您讲的时候我听明白了，可是到了自己做，我就会做错。我很想再次请教，可是总是麻烦老师，我不好意思，这样会影响您工作，就不敢打扰您了！"

老师想了想，对他说："你先去点一盏油灯。"学生照做了。

老师又说："多拿几盏油灯来，用第一盏灯点燃它们。"学生也照做了。

这时老师笑着对他说："其他油灯都是用第一盏灯点燃的，但是第一盏灯的光芒有损失吗？"学生回答道："没有啊！"

老师又对他说："和你们分享知识，我不但不会有损失，反而会有更大的快乐和满足。所以，有问题的时候，欢迎你随时来找我。"

很多孩子成绩不好，就是因为他和故事中的学生一样犯了一个什么错误？

_____。

其实，老师是愿意帮助你答疑解惑的。因此，遇到不明白的问题一定要开口问老师！

计划让位于行动

奥马尔是一个有作为的皇帝。他的头脑里充满了智慧，而且稳健、博学，为人们所敬仰。

有一次，一个年轻人问他："您是如何做到这一切的？刚一开始您是否就已经制订了一生的计划呢？"

奥马尔微笑着说："到了现在这个年纪，我才知道制订计划是没有用的。当我20岁的时候，我对自己说：我要用20岁以后的第一个十年学习知识；第二个十年去国外旅行；第三个十年，我要和一个漂亮的姑娘结婚并且生几个孩子。"

"在最后的十年里，我将在乡村地区，过着隐居生活，思考人生。"

"终于有一天，在前十年的第七个年头，我发现自己什么也没有学到。于是我推迟了旅行的安排。在以后的四年时间里，我

学习了法律，并且成了这一领域举足轻重的人物。人们把我当作楷模。这个时候我想要出去旅行了，这是我心仪已久的愿望。但是各种各样的事情让我无法抽身离开。我害怕人们在背后斥责我不负责任，后来我只好放弃旅行的想法。等到我 40 岁的时候，我开始考虑自己的婚姻了。但总是找不到自己以前想象中那样美丽的姑娘。直到 62 岁的时候，我还是单身一个人。那时候我为自己这么一大把年纪还想结婚而感到羞愧。于是我又放弃了找到这样一个姑娘并且和她结婚的想法。后来我想到了最后一个愿望，那就是找一个僻静的地方隐居下来。但是我一直没有找到这样一个地方，如果患上疾病，我连这个愿望都完成不了。这就是我一生的计划，但是一个也没有实现。"

奥马尔最后语重心长地说："年轻人，不要把时间放在制订漫长的计划上，只要你想到要做一件事就马上去做。放弃计划，立刻行动吧！"

思维小妙招

这两个故事告诉我们，想成为学霸，不能把时间放在制订长期计划上，而要真正行动起来，养成以下几个好习惯。

（1）科学安排时间的习惯

要科学安排学习、劳动、娱乐、锻炼、交往等活动。要制订活动计划，安排活动时间，包括每天的阶段性安排、每周的较大活动安排、考试复习和双休日、寒暑假的专题安排等。做到该学习时学习，该玩时玩。该学习时不用别人督促，主动学习；该活动时快快乐乐地活动。

（2）课前预习的习惯

现在很多学生，不到考试不看书，不预习，上课就像听天书。课前预习可以提高课上学习效率，并且有助于培养自学能力。预习时应对要学习的内容认真研读，应用预习提示、查阅工具书或有关资料进行学习，对有关问题加以认真思考，把不懂的问题做好标记，以便课上有重点地去听、去学、去练。

（3）认真听课的习惯

认真听课是搞好学习、提高素质的关键。听课要做到情绪饱满，精力集中；抓住重点，弄清关键；主动参与，思考分析。

（4）上课记笔记的习惯

在专心听讲的同时，要动笔做简单记录或记号。对重点内容、疑难问题、关键语句进行"圈、点、勾、画"，把一些关键性的词句记下来。有实验表明：上课光听不记，仅能掌握当堂内容的30%；一字不落地记也只能掌握50%；而上课时在书上画出重要内容，标记关键语句，课下再整理，则能掌握所学内容的80%。

（5）多思、善问、大胆质疑的习惯

上课要严肃认真、多思善问。"多思"就是认真思考知识要点、思路、方法、不同知识点的联系、与生活实际的联系等，形成体系。"善问"不仅要多问自己几个为什么，还要虚心向老师、

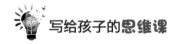

同学及他人请教，这样才能提高自己，发现问题，增长知识，有所创造，要做到决不轻易放过任何一个问题。

（6）敢于发表不同见解的习惯

不唯上，不唯书，敢于怀疑，敢于突破旧观点，敢于就问题进行讨论、争论，发表自己的看法，有理有据地阐明自己的观点。发表自己的看法，声音要洪亮，表述要准确，逻辑要清楚，要先把问题想好。"想"是"说"的先导，只有"想"得周密，才能"说"得有条理、透彻。

（7）课后复习的习惯

课后不要急于做作业，一定要先对每节课所学内容进行认真复习，归纳知识要点，找出知识之间的联系，明确新旧知识的关系，思考解决问题的方法。主动询问，补上没有学好的内容。对不同的学习内容要注意进行交替复习。

（8）及时完成作业的习惯

按时完成老师布置的作业和自己选做的作业，认真思考，认真书写，一丝不苟，对作业中出现的问题，认真寻找解决的方法。作业写完后，要想一下它的主要特征和要点，以达到举一反三的效果。作业错了，要及时改过来。不迁就、不谅解、不拖延时间。

（9）阶段复习的习惯

经过一段时间的学习，要对所学知识进行总结归纳，形成知识网络。这样可以进一步理解知识间的联系和区别，有利于知识的整体建构。

（10）协作研讨的学习习惯

要学会团结协作、相互配合、合作完成学习任务。要善于帮助别人，也要善于向别人学习，通过协作研讨，使自己在叙述、解释、验证事实、解决矛盾等方面调整看法，实现对知识的科学建构。

（11）动手操作的习惯

动手操作非常重要。不要忽视每一个实验。对每一个实验、每一件学具都要亲自动手操作。操作既能锻炼手和脑，又能帮助理解，使知识记忆深刻。

（12）利用所学知识解决实际问题的习惯

要把书本知识和实际生活相结合，把知识运用到生活、学习中，在生活和实践中验证知识，培养自己的实践能力。

有了上面这些习惯，想不成学霸都难。

思维训练小妙招：

做最好的自己，不为天，不为地，只为明天的自己。一个简单的梦想，加上十倍的努力，你也可以成为学霸！不要放弃学习！

5. 一次只做一件事

无论现在你正在做的事是多么不起眼，多么烦琐，只要尽心尽力做好每一件事，你就一定能逐渐靠近你的理想。不要以为有了远大的目标和坚定的信心，将来就一定能够成功。

如果不脚踏实地、老老实实地做事，好高骛远，总认为现在所做的这些小事是埋没了自己的才华，这样是不行的。要想到达最高处，必须从最低处开始。

思维故事汇

画画比赛

阳阳是个急脾气，做事比较急躁。有一回，妈妈让阳阳和表哥一起比赛画画，规定时间是半小时。两个人画得都很认真。

时间一分一秒地过去了。当妈妈告诉他们还剩 5 分钟时，阳阳显得特别着急。他发现表哥的画已经接近完成了，而自己还没有涂色。

这下阳阳更加着急了，握着笔使劲涂色。可是他的手就像不听使唤一样，怎么也快不起来。

他越心急，越是出错，一会儿因为太用力弄断了画笔，一会儿又涂错了颜色。本来画得很好的底稿，因为涂色涂得乱七八糟，整张画失去了美感。

最后时间到了，阳阳还是没有完成画作。

思维训练

故事中，阳阳听到还剩5分钟时，明明加快了速度，为什么到最终却没有完成画作？

当我们做事被焦急的心态控制后，往往会把简单的事情做得很糟糕。就像阳阳本来画得很好，但当得知时间只剩5分钟时，马上乱了阵脚，最后也没有按时完成任务。所以，在做事情时，要按步骤一步步来，切不可以着急冒进，否则欲速则不达，反而会把事情弄糟。

 **思维故事汇**

失败的商人

有一个商人，在小镇上做了十几年的生意，一切都很顺利，孩子听话，顾客满意，一家人生活得很顺心。

然而一场大火将他仓库里的货物烧干净了，什么都没有剩下，好在全家人和店面都没有受到损失。

当一位货主跑来找他结账的时候，这位可怜的商人正在思考自己失败的原因。

商人问货主："为什么会遭遇火灾呢？难道是我做事情不够细心、不够用心吗？"

货主说："也许事情并没有你想象得那么可怕，你不是还有店面吗？你完全可以再从头做起！"

"什么？再从头做起？"商人听到了有些生气，做生意哪里是这么简单的事情，说重来，就重来的。

"是的，你应该把目前经营的情况列在一张资产负债表上，好好清算一下，然后再从头做起。"货主好意地劝道。

"你是要我把所有资产和负债详细地核算一下，列出一张表格吗？把门面、地板、桌椅、橱柜、窗户都重新洗刷、油漆一下，重新开张吗？"商人有些纳闷。

"是的，你现在最需要的就是制订一个合理的计划，然后按计划去做，就可以了。"货主坚定地说道。

"事实上，制订计划我早在15年前就想做了，但是因为之前的懒惰，一直没有去做。也许你说的是对的。"商人喃喃自语道。

后来，他确实按货主的建议去做了，他将自己的损失、店面的资源还有重新启动的资金等信息，都一一列举出来，做比较，排顺序，一份合理有效的计划就做好了。

他将全家人都按照各自的特长做了安排：儿子有力气，做饭好吃，就在后厨做厨师；女儿乖巧伶俐，说话客气，就在店面做服务员；太太精明细心，做事有条理，就在前台点菜收钱；自己呢，有这么多年做生意的经验，就负责采购……

一切按照计划进行着，不出意外，在晚年时，商人重新获得了成功！

 思维训练

你觉得商人原来做生意为什么会失败？

做事情必须要有条理。虽然他很多年前就有"把所有资产和负债详细地核算一下，列出一张表格，把门面、地板、桌椅、橱柜、窗户都重新洗刷、油漆一下"的想法，但是他一直没有落实，任由日子这样过了十几年。在听了货主的建议后，他才坚定了重新有条理地把这个事情做好的信心！当然，最终商人取得了成功。

通过这个故事，你得到了什么启示？

 思维小妙招

这两个故事告诉我们一个道理：做事情一定要有条理，且不能急躁。做事没有计划、没有条理的人，无论做什么都不可能取得成功。"做事没有条理"是许多人失败的一个重要原因。

事实上，做事有计划，不仅是一种做事的习惯，更重要的是反映了一个人做事的态度，是取得成就的重要因素。

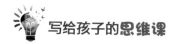

思维训练小妙招：

怎样在短期内让自己的学习有计划、有条理？就是要提醒自己"先干什么""后干什么""不能干什么"，经常训练，一定会有所成。

写给孩子的
自我管理课
徐俊 边铁◎著

青少年成长力专家 **20年** 研究成果
优秀班主任 教育经验
自我管理能力越强的孩子，越容易获得更大的成就

写给孩子的
自我管理课

学会自我管理的**8种超能力**，成为更优秀的自己

徐俊 边铁◎著

应急管理出版社

儿童情商课

如何培养6~12岁孩子的高情商

适合孩子的10堂情绪管理课

李世强○著

教育学博士、商场名师近**20年**教学和整理经验

懂得整理，是孩子成长的必修课

写给孩子的
整 理 课

只需6招、20个情景训练，成为整理小达人

整理不是简单收纳，而是一种生活态度

王凯　李鲁宁　颜振太 ○ 著

应急管理出版社

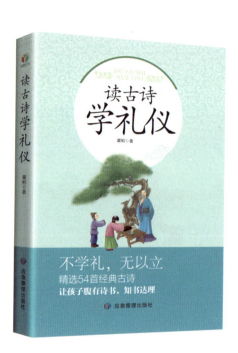

读古诗
学礼仪

DU GUSHI
XUE LIYI

望帕◎著

不学礼，无以立
精选54首经典古诗
让孩子腹有诗书，知书达理

应急管理出版社